Heidelberger Taschenbücher Band 111

H. Mellerowicz W. Meller

Training

Biologische und medizinische Grundlagen
und Prinzipien des Trainings

Fünfte, neubearbeitete Auflage

Mit 78 Abbildungen und 13 Tabellen

Springer-Verlag
Berlin Heidelberg New York Tokyo 1984

Professor Dr. med. Harald Mellerowicz
Wolfgang Meller
Institut für Leistungsmedizin,
präventive und rehabilitive Sportmedizin
Forckenbeckstraße 20, 1000 Berlin 33

ISBN-13: 978-3-540-13406-0   e-ISBN-13: 978-3-642-69714-2
DOI: 10.1007/978-3-642-69714-2

CIP-Kurztitelaufnahme der Deutschen Bibliothek. Mellerowicz, Harald: Training:
biolog. u. med. Grundlagen u. Prinzipien d. Trainings/H. Mellerowicz; W. Meller. –
5. Aufl. – Berlin; Heidelberg; New York; Tokyo: Springer, 1984.
(Heidelberger Taschenbücher; Bd. 111)
ISBN 3-540-13406-9 (Berlin, Heidelberg, New York, Tokyo)
ISBN 0-387-13406-9 (New York, Heidelberg, Berlin, Tokyo)
NE: Meller, Wolfgang; GT

Das Werk ist urheberrechtlich geschützt. Die dadurch begründeten Rechte,
insbesondere die der Übersetzung, des Nachdruckes, der Entnahme von
Abbildungen, der Funksendung, der Wiedergabe auf photomechanischem oder
ähnlichem Wege und der Speicherung in Datenverarbeitungsanlagen bleiben, auch
bei nur auszugsweiser Verwertung, vorbehalten. Die Vergütungsansprüche des § 54,
Abs. 2 UrhG werden durch die „Verwertungsgesellschaft Wort", München,
wahrgenommen.

© by Springer-Verlag Berlin Heidelberg 1972, 1975, 1978, 1980, 1984

Die Wiedergabe von Gebrauchsnamen, Handelsnamen, Warenbezeichnungen usw.
in diesem Werk berechtigt auch ohne besondere Kennzeichnung nicht zu der
Annahme, daß solche Namen im Sinne der Warenzeichen- und Markenschutz-
Gesetzgebung als frei zu betrachten wären und daher von jedermann benutzt
werden dürften.

Produkthaftung: Für Angaben über Dosierungsanweisungen und
Applikationsformen kann vom Verlag keine Gewähr übernommen werden.
Derartige Angaben müssen vom jeweiligen Anwender im Einzelfall anhand anderer
Literaturstellen auf ihre Richtigkeit überprüft werden.

Vorwort zur fünften Auflage

Die 3. und 4. Auflage von „Training" waren schnell vergriffen. Für die zahlreichen positiven Rezensionen und manche Verbesserungsvorschläge, die in der vorliegenden 5. Auflage berücksichtigt wurden, danken wir.
In letzter Zeit sind zahlreiche neue Erkenntnisse durch experimentelle Untersuchungen zu Fragen des Trainings gewonnen worden. Wir verdanken ihnen vertiefende und zunehmend differenzierende Einblicke in die morphologischen und physiologischen Wirkungen von körperlichem Training für Höchstleistungen wie für die Leistungsfähigkeit und Gesundheit von Jedermann, für Prävention und Rehabilitation.
Die bisherige Ausgabe ist für die 5. Auflage intensiv überarbeitet worden. Die Diktion der kurzen, möglichst übersichtlichen Darstellung mit zahlreichen Tabellen und Abbildungen wurde beibehalten. Wir haben uns bemüht, alle uns zugänglichen neuen gesicherten Erkenntnisse in den Text einzuarbeiten, Abbildungen und Tabellen zu korrigieren, zu ergänzen und wesentliche neue hinzuzufügen.
Die Verfasser haben wiederum versucht, aus einer Vielzahl von neuen, z.T. widersprechenden Untersuchungsergebnissen die zutreffende „Reinsubstanz" gewissermaßen herauszudestillieren. Auf die in der heutigen Trainingslehre vorkommenden Hypothesen und unbewiesene spekulative Meinungen ist verzichtet worden. Nur doppelt oder mehrfach gesicherte Erkenntnisse wurden berücksichtigt.
Angestrebt haben wir auch, jeweils die ersten Autoren zu zitieren und nicht die letzten, die frühere Untersuchungsergebnisse bestätigen oder diese neu gefunden zu haben meinen, wie es in jüngerer Zeit bisweilen unguter Usus geworden ist. Es ist uns wohl auch nicht stets gelungen. – Leider schließen wenig kundige Leser nicht selten aus der Nennung von Jahreszahlen früher Ergebnisse, die oft Jahrzehnte zurückliegen, das Konzept sei veraltet. – Die erste Findung einer naturwissenschaftlichen Erkenntnis ist ein

Geburtsakt wissenschaftlicher Evolution, der entsprechende Berücksichtigung und Anerkennung verdient. Sie sollte weniger anderen, späteren Epigonen zuteil werden.

Wir hoffen, daß auch die 5. Auflage wie die bisherigen weite Zustimmung finden und manche Anregungen für eine wissenschaftlich fundierte Trainingspraxis geben wird.

Berlin, März 1984 	H. Mellerowicz
	W. Meller

Vorwort zur ersten Auflage

Körperliches Training gewinnt in der technisierten Zivilisation unserer Zeit zunehmende Bedeutung für Erhaltung, Förderung und Wiederherstellung von Leistungsfähigkeit und Gesundheit des Menschen. Es gehört zu den wirksamsten Methoden der präventiven und rehabilitiven Medizin – gegen die Vielzahl von Krankheiten und Leiden, die durch Mangel an körperlichem Training, durch Mangel an Muskelarbeit, Überernährung und andere pathogenetische Faktoren bedingt werden. Die Volkskrankheiten der technisierten Menschheit sind „hypokinetic diseases" (Kraus, Raab et al.).

Training ist zudem eine sehr wirksame Methode zur leiblichen, psychosomatischen Vervollkommnung, zur Steigerung der Leistungsfähigkeit, zum Erreichen hoher Leistungen im Sport und bei der Arbeit. Physische Leistungsfähigkeit und Gesundheit können eine dienliche Basis sein für ein höheres Maß an Initiative, Konzentrationsfähigkeit, geistiger Bildung und Leistung.

Die allgemeinen biologischen und medizinischen Grundlagen und Prinzipien des Trainings sollen kurz und übersichtlich, so einfach wie möglich und nur so kompliziert wie nötig, das Wesentliche hervorhebend, dargestellt werden. Nicht behandelt werden besondere Trainingsmethoden für spezielle sportliche Höchstleistungen. –

Das Buch erhebt keinen Anspruch auf Vollständigkeit. Es will ein biologisch-medizinischer Grundriß sein – ohne Berücksichtigung philosophischer, psychologischer, pädagogischer und soziologischer Aspekte, deren Bedeutung von den Verfassern keineswegs verkannt wird. Sie sind in anderen Publikationen eingehend beschrieben worden.

Die Verfasser haben sich bemüht, nur wissenschaftlich gesicherte oder durch übereinstimmende Erfahrungen belegte Zusammenhänge darzustellen, nicht dagegen Hypothesen, spekulative Meinungen und ideologische, nicht fundierte Lehren.

Die wissenschaftliche Trainingslehre steht noch am Anfang. Die zahlreichen noch offenen Fragen und Probleme können nur durch systematische experimentelle Forschung, durch planmäßige Fragen an die Natur, besonders mit annähernd gleichen Gruppen oder durch eineiige Zwillinge, geklärt werden. Begründete Arbeitshypothesen sind hierfür oft nützlich. Die biologisch-naturgesetzliche Gegebenheiten übersehenden, transzendentalen Spekulationen führen ebenfalls oft zur „Lehre", jedoch meist ins Leere. Auf viele Fragen und Probleme des Trainings wird hingewiesen. Wenn zu ihrer Klärung mit wissenschaftlicher Methodik angeregt wird, ist ein weiterer Zweck dieses Buches erreicht.

Wir hoffen, viele Ärzte, die in ihrem Studium nichts vom Training hören, werden seine medizinische Bedeutung erkennen und es anwenden. Manchem Leibeserzieher, Sportlehrer, Trainer und Übungsleiter möge es naturgesetzliche Grundlagen des Trainings und der Leibesübung verdeutlichen und beitragen, ihre methodische Anwendung auf eine verläßliche Basis zu stellen.

Danken möchten wir allen, die uns geholfen haben, in Form und Inhalt dieses kleine Werk zu gestalten, besonders Frau Kabisch, Frau Wittwer und Frau Dürrwächter.

Berlin, Mai 1972   H. Mellerowicz
                                            W. Meller

Inhaltsverzeichnis

1	**Naturgesetzliche Grundlagen des Trainings** ...	1
2	**Trainingswirkungen auf den Organismus**	3
2.1	Trainingswirkungen auf die Skelettmuskulatur	3
2.2	Trainingswirkungen auf das Skelettsystem ...	9
2.3	Trainingswirkungen auf das Blut	9
2.4	Trainingswirkungen auf Herz und Kreislauf ..	12
2.5	Trainingswirkungen auf das Atmungssystem .	19
2.6	Trainingswirkungen auf das vegetative System	22
2.7	Trainingswirkungen auf endokrine Drüsen ..	23
2.8	Trainingswirkungen auf andere Organe	28
3	**Qualität des Trainings**	30
4	**Quantität des Trainings**	35
4.1	Definition der Trainingsquantität	35
4.2	Der Wirkungsgrad des Trainings	36
4.3	Trainingsquantität und Leistungszuwachs ...	38
4.4	Der Leistungszuwachs bei gleicher Trainingsquantität und verschiedener Trainingsleistung	39
4.5	Der Leistungszuwachs bei gleicher Trainingsquantität und verschiedener Trainingshäufigkeit	40
4.6	Der Leistungszuwachs bei gleicher Trainingsquantität in Dauer- oder Intervallform...................	41
4.7	Der Leistungszuwachs bei gleicher Trainingsquantität und unterschiedlichem Trainingszustand	42
4.8	Der Schwellenwert des Trainings	43
4.9	Methoden zur Dosierung des Trainings	43

5	**Prinzipien des Dauerleistungstrainings**	47
5.1	Dauerleistungen	47
5.2	Qualitative Zusammensetzung des Trainings	47
5.2.1	Hauptkomponente	47
5.2.2	Nebenkomponenten	48
5.2.3	Trainingsmethoden	48
5.3	Quantität des Trainings	51
5.3.1	Häufigkeit des Trainings	51
5.3.2	Dauer des Trainings	51
5.3.3	Intensität des Trainings	51
6	**Prinzipien des Mittelleistungstrainings**	52
6.1	Mittelleistungen	52
6.2	Qualitative Zusammensetzung des Trainings	52
6.3	Trainingsmethoden	53
6.4	Quantität des Trainings	53
6.4.1	Häufigkeit des Trainings	53
6.4.2	Dauer des Trainings	54
6.4.3	Intensität des Trainings	54
7	**Prinzipien des Krafttrainings**	55
7.1	Physiologische Grundlagen	55
7.2	Formen des Krafttrainings	59
7.2.1	Statisches (isometrisches) Krafttraining	59
7.2.2	Dynamisches Krafttraining	59
7.3	Trainingswirkungen	59
7.4	Bedingungen für eine optimale Trainingswirkung bei statischem Krafttraining	61
7.5	Dosierung bei dynamischem Krafttraining	61
8	**Endogene bedingende Faktoren**	64
8.1	Alter	64
8.2	Geschlecht	70
8.3	Konstitution	76

9	**Exogene Faktoren**	77
9.1	Ernährung	77
9.1.1	Minusfehler der Ernährung	77
9.1.2	Plusfehler der Ernährung	80
9.1.3	Praktische Grundsätze der Ernährung im Training	81
9.1.4	Spezielle Ernährung von Kurz- und Dauerleistern	83
9.2	Lufttemperatur	83
9.3	Luftdruck	88
9.4	Andere exogene Faktoren	94
10	**Übertraining – Subjektive Merkmale und objektive Kennzeichen**	95
10.1	Ursachen	95
10.2	Subjektive Merkmale – Objektive Kennzeichen	95
10.3	Behebung	96
10.4	Vorbeugung	97
11	**Präventives Training**	98
11.1	Wirkungen von Bewegungsmangel	98
11.2	Bewegungsmangelkrankheiten	103
11.3	Folgen	104
11.4	Präventive Maßnahmen	105
11.5	Präventives Training	107
12	**Rehabilitives Training**	109
12.1	Indikationen	110
12.2	Kontraindikationen	111
12.3	Dosierung rehabilitiven Trainings	111
12.4	Quantität des rehabilitiven Trainings	119
12.5	Qualität des rehabilitiven Trainings	120
	Literatur	124

1 Naturgesetzliche Grundlagen des Trainings

Die naturgesetzlichen Beziehungen von organischer *Form und Funktion* sind die biologischen Grundlagen für die Gesetzmäßigkeiten des Trainings. *Die organische Form bestimmt die Funktion* (Abb. 1).

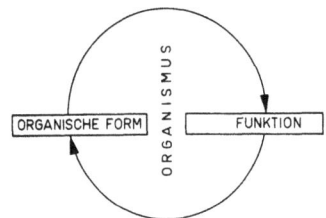

Abb. 1. Wechselseitige Beziehung von organischer Form und Funktion. Z. B. bestimmt die Form des Herzens dessen Pumpfunktion. Training des Herzens bewirkt Änderungen seiner Form (Gewichts- und Volumenzunahme) und Zunahme seiner Leistungsfunktionen

Andererseits hat die Funktion bildenden, verändernden Einfluß auf die organische Form (Roux, 1895). Funktionelle Trainingsreize bewirken bestimmte Veränderungen der anatomischen Form, der histologischen und biochemischen Struktur trainierter Organe. Ohne diese funktionellen Wirkungen gäbe es keine Anpassung des Organismus an wechselnde und wachsende Anforderungen der Umwelt. Sie sind wesentliche Voraussetzung und wirksamstes Prinzip der Leistungssteigerung. – Im *Training* werden überschwellige funktionelle Reize von ansteigendem Maß systematisch zu leistungssteigernden Veränderungen der organischen Form und Funktion angewandt. Im präventiven und rehabilitiven Training bewirken dosierte funktionelle Reize Erhaltung, Förderung und Wiederherstellung von Leistungsfunktionen. Der gesamte Trainingsprozeß umfaßt auch das systematisch wiederholende *Üben* von Bewegungsabläufen mit dem Zweck der Optimierung und Ökonomisierung der neuro-muskulären Koordination.

Jeder gesunde Organismus tendiert stets, auch im Training, auf Erhaltung der *„Homöostase"*, des dynamischen Gleichgewichts der Stoffe und der Leistungsfunktionen in ihren Relationen zu den Anforderungen der Umwelt. Alle Wirkungen des Trainings auf den Organismus ermöglichen eine Anpassung an erhöhte Leistungsanforderungen. Sie stellen das *dynamische Gleichgewicht der Leistungskapazität und der*

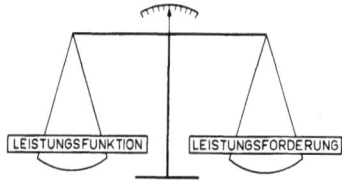

Abb. 2. Die Wirkungen des Trainings auf den Organismus stellen das dynamische Gleichgewicht von Leistungsfunktionen und Leistungsforderungen wieder her.

Leistungsforderungen bis an die Grenzen der durch genetische und exogene Faktoren bedingten biologischen Potenz wieder her (Abb. 2).

Ein wesentliches Prinzip der Leistungssteigerung durch Training ist die *Ökonomisierung von Funktionen*. Hierdurch werden die Leistungsreserven und die Leistungskapazität des Organismus vergrößert. So wie durch Rationalisierung eines Betriebes seine Produktivität erhöht wird.

Anwendung spezieller funktioneller Übungsreize von ansteigendem Maß löst spezielle morphologische und physiologische Wirkungen auf den Organismus aus, die zu einer Steigerung spezieller Leistungen führen. Alle Trainingswirkungen werden von der Qualität des Trainings bestimmt *(Qualitätsgesetz des Trainings)*.

Zwischen der Quantität des Trainings und der Quantität der Trainingswirkungen bestehen naturgesetzliche Beziehungen (Quantitätsgesetz). Meßbarer Ausdruck der Trainingswirkungen sind u. a. Gewichts- und Volumenveränderungen und Leistungszuwachs von Organen sowie des ganzen Organismus. *Übermaß von Training* (Übertraining) bewirkt bestimmte regressive bis degenerative Veränderungen der organischen Form und Struktur, Funktionsstörungen und Leistungsminderung.

Trainingsmangel führt zu Quantitätsverlusten der Organe in Form und Funktion (Inaktivitätsatrophie), strukturellen Veränderungen und einer Tendenz zu Funktionsstörungen.

Es ist bisher nicht sicher geklärt, wie und wann der Trainingsreiz wirkt. Er kann in der Leistungsphase und in der Erholungsphase durch zentrale Regulationsvorgänge und durch periphere Überkompensationsvorgänge des Stoffwechsels (Jakowlew, 1967) wirksam werden.

2 Trainingswirkungen auf den Organismus

Nur die morphologischen und funktionellen Wirkungen des Trainings auf den Organismus, die nach dem derzeitigen Stand der Kenntnisse gesichert oder zumindest mit großer Wahrscheinlichkeit zutreffend sind, sollen im folgenden Kapitel in systematischer, z.T. schematischer, knapper und übersichtlicher Form dargestellt werden. Die Übersicht erhebt keinen Anspruch auf Vollständigkeit. Nur die ersten Autoren eines wesentlichen Forschungsergebnisses werden genannt. Auf die Diskussion der Problematik mancher Ergebnisse, z.B. der Übertragbarkeit tierexperimenteller Ergebnisse auf den Menschen, und einiger ungeklärter Fragen ist verzichtet worden.

2.1 Trainingswirkungen auf die Skelettmuskulatur

1. *Hypertrophie*. Massenzunahme (nicht Vermehrung) der Muskelfasern und des ganzen Muskels erfolgt durch Krafttraining – nicht durch reines Ausdauertraining. Durchmesser, Querschnitt und Volumen nehmen gesetzmäßig zu. Die Zunahme kann 100% übersteigen.

Es *vermehren* sich jedoch
- die *Myofibrillen* mit leichter Zunahme ihres Durchmessers (Schieferdecker, 1952; Goldspink et al., 1964),
- die *Actin-* und *Myosinmoleküle*,
- die *randständigen Kerne* und
- die *Mitochondrien*. Die Zunahme und Vergrößerung der Mitochondrien (Gollnick u. King, 1969) mit ihren inneren und äußeren Membranflächen (Howald, 1973), den Organellen des oxydativen Stoffwechsels, sind von besonderer Bedeutung für die muskulären Dauerleistungen.

Bei hohen Graden von Trainingshypertrophie kann nach übereinstimmenden tierexperimentellen Ergebnissen von van Linge (1962) und Reitsma (1965) eine hyperplastische Aufspaltung von Muskelfasern erfolgen.

Die „roten", *myoplasmareichen Muskelfasern*, die viel Mitochondrien und Fermente des oxydativen Stoffwechsels enthalten, und die „weißen" Muskelfasern, die reicher an Fibrillen und Fermenten des anoxydativen Stoffwechsels sind, können wahrscheinlich durch spezielles Training speziell verändert werden. Weiße Fasern können in bestimmtem Maße durch Dauertraining in myoglobin- und mitochondrienreiche rote Fasern umgewandelt werden (Barnard et al. 1970). „Nach histochemischen Beobachtungen nimmt in den Muskeln der auf Ausdauer trainierten Tiere die Anzahl der „weißen" Fasern zugunsten der „roten" Fasern sowohl in der prädominant weißen als in der prädominant roten Region der Muskeln ab, wodurch bestätigt wird, daß Training eine *partielle Umwandlung* beider Fasertypen bewirken kann. Es ist möglich, daß neben der Hypertrophie des Muskels die Ausbildung prädominant weißer oder roter Muskeltypen mit ihren biochemischen und physiologischen Eigenschaften die entscheidende Anpassung des Muskelgewebes an funktionelle Beanspruchung ist". (Keul et al. 1969). Die Struktur der Muskelfasern ist überwiegend genetisch bestimmt. Sie ist jedoch durch spezielles Training erheblich modifizierbar (s. Tabelle 1).

2. Eine Zunahme der Kapillarzahl im Querschnitt (pro mm^2) des ausdauertrainierten Muskels haben zahlreiche Untersucher an verschiedenen Arten von Vertebraten gefunden (s. Abb. 3 u. 4). Brodal et al. (1977) und Schön et al. (1978) konnten es in Muskelbiopsien von aus-

Tabelle 1. Schematische Übersicht morphologischer, biochemischer und funktioneller Unterschiede „weißer" und „roter" Muskeln. (Zusammenfassung der Ergebnisse zahlreicher Autoren). *FT,* Fast Twitch Fibers, histologisch n. Schmalbruch (1970), mitochondrienarme A-Fasern, histochemisch II-Fasern. *ST-Fasern,* Slow Twitch Fibers, histologisch mitochondrienreiche C-Fasern, histochemisch I-Fasern

„weiße" Muskelfasern FT-Fasern	←Krafttraining Dauertraining→	„rote" Muskelfasern ST-Fasern
Felderstruktur	histol. Struktur	Fibrillenstruktur
weniger	Sarkoplasma	viel
mehr	Actin-Myosin	weniger
weniger	Mitochondrien	viel
anoxydative	Fermente	oxydative
weniger	Myoglobin	viel
viel	Kreatinphosphat	weniger
wenig	Glycogen	viel
wenig	Neutralfette	viel
größer	elektr. Erregbark.	kleiner
schneller	Erregungsleitung	langsamer
schnell-kräftig	Funktion	langsam-ausdauernd

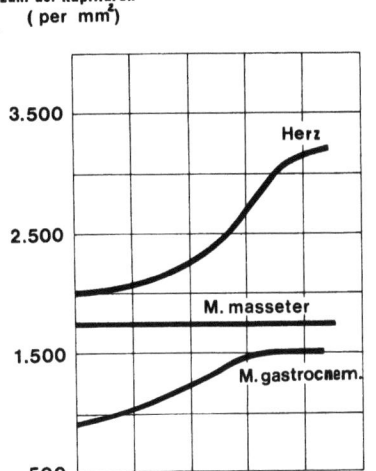

Abb. 3. Capillarzahl (pro mm^2) des Herzens, des M. masseter und des M. gastrocnemius bei Versuchstieren im Lauftraining (nach Petren, 1935)

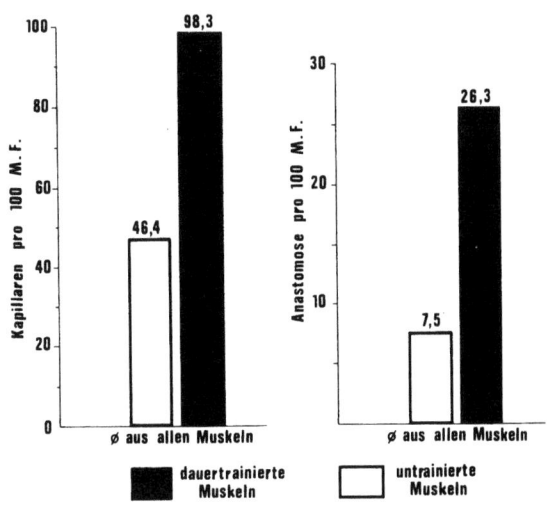

Abb. 4. Vergleichende Darstellung der mittleren Capillarzahl und der mittleren Anastomosenzahl von Glutaei, Extensoren und Adductoren der linken und rechten hinteren Extremität eines halbseitig trainierten Kaninchens (nach Vanotti u. Magiday, 1934)

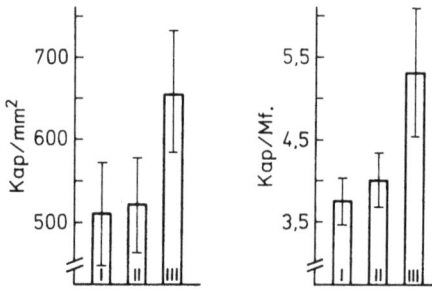

Abb. 5. Anzahl der Kapillaren pro mm^2 und Anzahl der Kapillaren pro zugeordneter Muskelfaser im Musculus vastus lateralis bei Normalpersonen (*I*), Sportstudenten (*II*) und Ausdauertrainierten (*III*) (nach Schön u. Mitarb., 1978)

dauertrainierten Menschen nachweisen. Von Schön et al. (s. Abb. 5) wurde auch eine größere Anzahl von Kapillaren pro Muskelfaser bei Ausdauertrainierten gesehen. Doch ist eine Neubildung von Kapillaren durch Dauerleistungstraining bis heute nicht sicher erwiesen. Nach histologischen Untersuchungen vom Appel (1978) bewirkt Ausdauertraining in der Höhe im Tierversuch eine Verlängerung und Schlängelung von Kapillaren mit Vergrößerung ihrer Oberfläche. Hierdurch kann im Muskelquerschnitt (pro mm^2) eine scheinbar größere Kapillardichte gezählt werden.

Insgesamt nimmt die *Vaskularisierung,* d. h. Erweiterung und Vergrößerung der Oberfläche von Blutgefäßen, durch Training zu. Die Vergrößerung der Kapillaroberfläche ermöglicht ein kleineres Durchblutungsvolumen des trainierten Muskels bei gleichen submaximalen muskulären Leistungen (Treumann, F. 1969, Philippi, H. et al. 1973).

3. Stoffanreicherung. Im trainierten Muskel sind mehrere für seine Leistungsfunktionen wesentlichen Stoffe vermehrt gefunden worden. Durch *Glykogen*zunahme bis mehr als 100% werden die Energievorräte erheblich vergrößert (Embden, Habs et al., 1927). Der Glykogenaufbau aus Glucose ist im trainierten Muskel beschleunigt, seine Glykogenvorräte können in höherem Maße ausgenutzt werden (Schleusing, 1961).

Auch *Neutralfette* finden sich vermehrt im dauertrainierten Muskel (Howald, 1973). Trainierte Muskeln utilisieren mehr Fettsäuren, hierdurch erfolgt eine Einsparung an Glycogen (Haralambie, 1971).

Der *Myoglobin*gehalt des Muskels nimmt im Dauertraining (Embden, Habs, 1927) besonders in der Höhe zu (Reynafarje, 1962). Besonders Leistungen unter Hypoxiebedingungen scheinen zu einer Myoglobinvermehrung zu führen. Myoglobin, das sich chemisch von Hämoglobin nur in seiner Globinkomponente unterscheidet, kann ebenfalls O_2 in reversibler Form anlagern und ist so ein O_2-Speicher der Skelettmuskulatur kleiner Kapazität. Aus ihm steht O_2 in geringem Maße für aerobe Prozesse zur Verfügung, wenn die hämatogene (cardio-pulmonale) O_2-Versorgung des Muskels nicht ausreicht. Es wird auch angenommen, Myoglobin habe zusätzliche Bedeutung für die O_2-Utilisation im Muskel. Tiere wie Delphine, Wale, Robben, die beim Tauchen lange muskuläre Arbeit ohne O_2-Aufnahme leisten können, haben einen besonders hohen Myoglobingehalt der Skelettmuskulatur.

Der *Phospholipid*gehalt des dauertrainierten Muskels ist vermehrt – ganz überwiegend infolge der Zunahme der phosphatidreichen Mitochondrien (Sorge, 1929).

Eine größere Quantität an energiereichen Phosphaten *Adenosintriphosphat ATP* (Jakowlew et al., 1967) und *Kreatinphosphat* (Palladin, Ferdmann et al., 1928) ermöglicht größere anaerobe Kurzleistungen sowie Mittelleistungen.

Der trainierte Muskel verfügt über eine schnellere Mobilisierung und größere Utilisation von Energiequellen und eine raschere Wiederherstellung der energetischen Substrate in der Erholungsphase (Jakowlew, 1976).

Der *Kalium*gehalt der Skelettmuskulatur wird durch Training erhöht. Während und nach der initialen Energiebildung fließt Kalium vom

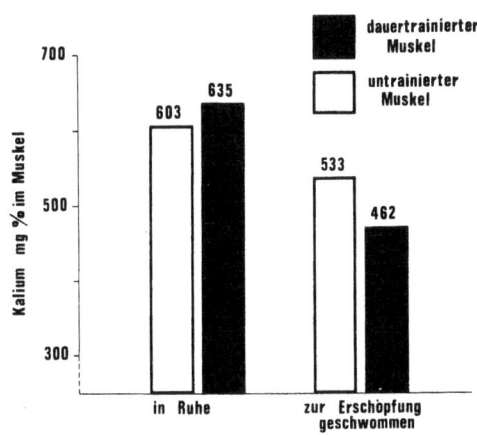

Abb. 6. Kaliumgehalt der Skelettmuskulatur von untrainierten und trainierten Versuchstieren (Ratten) in Ruhe und nach erschöpfender Leistung. Der Kaliumgehalt des trainierten Muskels ist höher und kann tiefer ausgeschöpft werden (nach Nöcker, Lohmann, Schleusing, 1957)

trainierten Muskel in größerer Menge in den extrazellulären Raum und ins Capillarblut (Abb. 6). Der trainierte Muskel hat nicht nur ein größeres Kaliumausgangspotential, sondern auch ein niedrigeres Endpotential. Er kann seine Kaliumreserven auch in höherem Maße utilisieren (Nöcker, Lohmann, Schleusing, 1957).
Eine Zunahme auch von *Calcium* und *Magnesium* im trainierten Muskel, die für seine Erregbarkeit und Kontraktilität von Bedeutung sind, wird von Krestownikow (1953) angegeben.

4. Vermehrung biologischer Katalysatoren. Oxydative Fermente wie die Cytochromoxydase, Pyruvatoxydase, Lactatdehydrogenase u. a. nehmen im Dauertraining erheblich zu. Sie sind in den Mitochondrien konzentriert, deren Zahl, Volumen und Membranoberfläche anwächst (Howald, 1973). Die oxydative Kapazität der trainierten Skelettmuskulatur wird so katalysatorisch durch wiederholte muskuläre Leistungen mit überwiegend aerober Energiebildung gesetzmäßig gesteigert. Das gilt für die Oxydation von Milchsäure (Abb. 7) wie von Fettsäuren (zit. nach Keul, 1969). Auch *Ascorbinsäure* und *Glutathion,* die als reversible Redoxsysteme im oxydativen Stoffwechsel wirken, werden durch (Dauer-) Training vermehrt (Krestownikow, 1953).
Die Fermente des anaeroben Muskelstoffwechsels von Kurz- und Mittelleistungen, die Glykogen, Hexosephosphorsäure, ATP und Kreatinphosphat spalten und synthetisieren, kommen vermehrt im entsprechend trainierten Muskel vor (Palladin et al., 1936). Die enzymatische Förderung anaerober Stoffwechselprozesse ist eine biochemische Voraussetzung für die Steigerung von Kraft- und Schnelligkeitsleistungen kurzer bis mittlerer Dauer.

5. Erhöhung des Wirkungsgrades. Infolge größerer Ökonomie der Bewegungsabläufe sind bei gleicher Leistung O_2- und Energieverbrauch, Laktatkonzentration und Ermüdung des trainierten Muskelsystems kleiner.

6. Der *Schwellenwert der Erregbarkeit* des trainierten Muskels (Rheobase) ist herabgesetzt. Die elektrische Aktivität des trainierten Muskels ist bei gleicher Kraft kleiner (Stoboy, 1957).

7. Zuwachs an Kraft und Leistung. Die Kraft nimmt in gesetzmäßigen Beziehungen zum gesamten Querschnitt des Muskels bzw. der synergistisch wirkenden Muskelgruppe zu. Auch die willkürliche Maximalkraft des trainierten Muskels, berechnet pro cm^2 Muskelquerschnitt, nimmt zu (s. Abb. 42, nach Ikai u. Fukunaga, 1970).

2.2 Trainingswirkungen auf das Skelettsystem

Druck- und Zugbeanspruchungen des Knochens bei Training und Leistung wirken als formativer Reiz auf die Bildung des Knochens, besonders bei Jugendlichen, auch bei Erwachsenen.

1. Das *Breitenwachstum* trainierter Knochen wird gefördert. Durchmesser, Querschnitt, Umfangsmaße, Volumen und Gewicht trainierter Knochen nehmen zu. Die Knochenrinde (Corticalis) und Spongiosa trainierter Knochen, auch der Gelenkknorpel, Bänder und Sehnen werden dicker und die Belastbarkeit nimmt zu (Aktivitätshypertrophie).

2. Es erfolgt auch eine morphologische *Anpassung der Knochen- und Gelenkstrukturen an spezielle funktionelle Beanspruchungen*. Beweglichkeit und Gelenkigkeit können hierdurch zunehmen.

3. Knochenvorsprünge, von denen Muskeln entspringen oder an denen sie ansetzen, sind bei trainierten Knochen stärker ausgeprägt.

4. *Übermaß* an funktioneller Beanspruchung führt zu Abbau und Auflösung knöcherner Strukturen an Stellen starker, andauernder Beanspruchung bis zum Ermüdungsbruch.

5. *Trainingsmangel* führt zum Abbau von Knochensubstanz (Inaktivitätsatrophie) und Abnahme der Gelenkigkeit.

2.3 Trainingswirkungen auf das Blut

1. Ausdauertraining bewirkt eine Anregung der Blutbildung im roten Knochenmark (Erythropoese), Vermehrung der Gesamtzahl der *roten Blutkörperchen* (Erythrozyten), des roten Blutfarbstoffes (Hämoglobin) und des Blutvolumens (Kjellberg et al., 1949). Zunahme des Blutvolumens um > 1 Liter und entsprechend des Hämoglobins können erfolgen.

Der relative Hb-Gehalt in g/kg Körpergewicht ist vermehrt, die Hb-Konzentration in g/100 ml Blut ist vermindert (Dill et al., 1974, Brotherhood et al., 1975).

Im Ausdauertraining ist der Umsatz und Abbau der Erythrozyten erhöht, ihre Überlebensdauer vermindert (Refsum et al., 1976).

Die Zahl der Reticulozyten (Thörner, 1929) und der Anteil jugendlicher Erythrozyten mit schnellerer (Edwards u. Staub, 1966) und höherer O_2-Aufnahme (Waller et al., 1959) sowie höherer osmotischer Resistenz (Thörner, 1929) ist vermehrt.

Nur im Ausdauertraining in der Höhe unter Hypoxiebedingungen tritt oft auch eine relative Vermehrung der Erythrozyten und des Hämoglobins (in mm^3) ein (bis auf >8 Mill./mm^3). Durch Ausdauertraining, insbesondere in der Höhe, wird auch eine Vermehrung von 2,3-Diphosphoglycerat (2,3 DPG) in den Erythrozyten und eine Rechtsverschiebung der O$_2$-Bindungskurve des Hämoglobins bewirkt (Lefant et al., 1968, Kleeberg et al., 1971).

2. Das *Plasmavolumen* ist im Vergleich zum gesamten Erythrozytenvolumen und der Hb-Menge überproportional vergrößert (Röcker, 1983). Infolgedessen wird die Viskosität des Blutes und die erforderliche Druck- und Volumenleistung des ausdauertrainierten Herzens in Körperruhe und bei gleichen submaximalen Leistungen reduziert.

3. Die intravaskulären *Proteinmengen,* die in der Leber synthetisierten Plasmaproteine, sind bei wenig reduzierten Proteinkonzentrationen und größerem Plasmavolumen erheblich vermehrt. Bei den vom reticuloendothelialen System synthetisierten Proteinen wurde im allgemeinen kein Unterschied zwischen trainierten und ausdauertrainierten Gruppen gefunden. Nur die intravasale Menge von Immunglobulin A ist bei Ausdauertrainierten vermehrt. – Ausdauertraining stimuliert hiernach die Synthese von Plasmaproteinen in der Leber, jedoch im wesentlichen nicht im reticuloendothelialen System (RES) (nach Rökker, 1983).

4. Bei einer Vermehrung des Blutvolumens nimmt auch die gesamte *Neutralisations- und Pufferkapazität* des Blutes zu infolge einer absoluten Zunahme von Alkaliverbindungen (bei nicht sicher verändertem Standardbicarbonat in 1 l Blut) und von Proteinkörpern. Infolgedessen kann das „trainierte Blut" größere Mengen an sauren Stoffwechselzwischen- und -endprodukten neutralisieren und puffern. Die Entstehung höherer Wasserstoff-Ionen-Konzentrationen wird so wirksamer gehemmt. Das ist eine wesentliche biochemische Voraussetzung für die geringere lokale und allgemeine körperliche Ermüdbarkeit des trainierten Mittel- und Dauerleisters.

5. Die *Leukocytenzahl* ist in Körperruhe bei Trainierten nicht vermehrt. Relativ vermehrt sind jedoch bei Dauerleistern die Lymphozyten (relative Lymphocytose bis ≈ 40%). Eine mäßige Zunahme der eosinophilen Granulocyten ($\approx 2-4\%$) wird meist bei hochtrainierten Dauerleistern gefunden. Auch jugendliche Formen von Leukocyten werden häufiger gefunden als bei gesunden Untrainierten.

6. Erhöhte (nicht normale) *Triglycerid- und Cholesterinspiegel* des Blutes können durch körperliches Dauertraining gesenkt werden (Mann,

Teel, Hayes et al., 1955; Strauzenberg et al., 1972 u. 1974). Übereinstimmende Untersuchungen von Lopez et al. (1974), Wood et al. (1976) sowie zahlreichen späteren Untersuchern ergaben zudem: Ausdauertraining bewirkt beim Menschen eine Abnahme der Low Density Lipoproteine (LDL) und eine Zunahme der High Density Lipoproteine (HDL), denen eine protektive Wirkung gegen die Entstehung arteriosklerotischer Veränderungen zugeschrieben wird (Gordon et al., 1977). Von Jakowlew (1967) wurde eine Vermehrung der lipolytischen Aktivität des Blutes bei Trainierten nachgewiesen.

7. Von Biggs et al. (1947), Winkelmann et al. (1968), Ferguson et al. (1974) ist eine Zunahme der *fibrinolytischen Aktivität* des Blutes von Ausdauertrainierten gefunden worden. Auch Gerinnungsfaktoren des Blutes werden durch Ausdauertraining verändert (Röcker, 1983).

8. Die *arterio-venöse O_2-Differenz* ist in Ruhe, bei gleichen mittleren und großen Leistungen, bei hochtrainierten Dauerleistern größer als bei Untrainierten. Die größere Capillarisierung der trainierten Skelettmuskulatur, die ≈ 40% des Körpergewichts ausmacht, und ihre größere oxydative Kapazität (s. 2.1.4.) sind die bedingenden Faktoren hierfür. Die größere O_2-Utilisation aus dem Blut des Trainierten ist eine wesentliche Voraussetzung für die ökonomischere Funktion des trainierten cardio-pulmonalen Systems.

9. Der *Milchsäurespiegel und die H^+-Konzentration* im Blut ist während gleicher Leistungen um so niedriger, je besser der Trainingszustand für Mittel- und Dauerleistungen ist (Abb. 7). Trainierte Mittel-

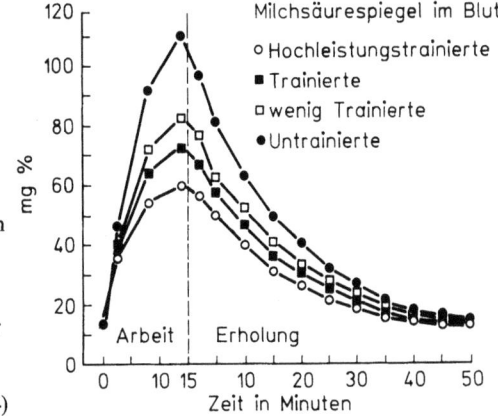

Abb. 7. Die Laktatkonzentration im venösen Blut während und nach gleicher Leistung in Abhängigkeit vom Trainingszustand. Trainierte Dauerleister haben niedrigere Milchsäurespiegel als Untrainierte (nach Crescitelli u. Taylor, 1944)

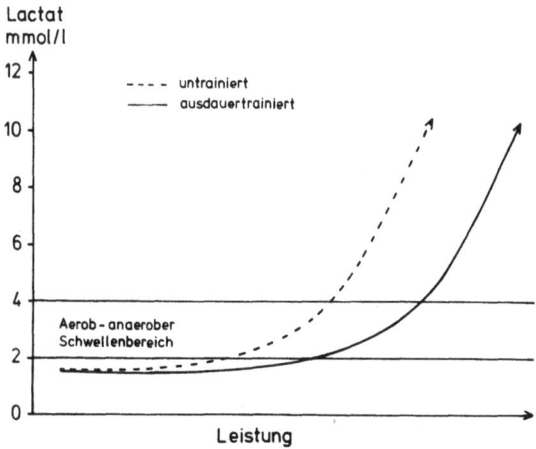

Abb. 8. Anstieg des Laktatspiegels im aerob-anaeroben Schwellenbereich (2–4 mmol/l Laktat) eines Probanden in untrainiertem und ausdauertrainiertem Zustand (Im Blutserum des arterialisierten Ohrläppchens, schematisch)

und Dauerleister können jedoch bei Maximalleistungen höhere Laktatspiegel und H^+-Konzentrationen tolerieren.

Der Steilanstieg des Laktatspiegels erfolgt beim Ausdauertrainierten in höheren Leistungsstufen (s. Abb. 8), weil seine oxydative Kapazität und aerobe Energiebildung für größere Leistungen ausreicht. Im Grenzbereich der ausreichenden O_2-Versorgung der Skelettmuskulatur setzt eine zusätzliche anaerobe Energiebildung mit einem darauf folgenden steilen Anstieg des Laktatspiegels im Blutserum ein (aerob-anaerobe Schwelle).

2.4 Trainingswirkungen auf Herz und Kreislauf

Eine Übersicht der Trainingswirkungen auf Herz und Kreislauf zeigen die systematische vergleichende Darstellung Tabelle 2 sowie die Abbildungen 9–16

1. Nur Dauerleistungstraining (in Dauer- oder Intervallform) bewirkt die aufgeführten morphologischen und physiologischen Veränderungen. Das große, an hohe Leistungsanforderungen angepaßte „*Leistungsherz*" schlägt in Ruhe wesentlich langsamer. Hochtrainierte haben nicht selten Herzschlagzahlen von 40–30/Min. Bei dieser

Tabelle 2

Trainiert (Sportler, Schwerarbeiter) Großes Leistungsherz		Untrainiert (Büromensch) Kleines Zivilisationsherz
≈ 350–500 g	Herzgewicht	≈ 250–300 g
≈ 900–1400 ml	Herzvolumen	≈ 600–800 ml
vermehrt	Capillarisierung u. Kollateralisierung	vermindert
≈ 300 ccm	Reservevolumen ⎫	≈ 200 ccm
30–60 Min.	Herzschlagzahl ⎬ Ruhe	70–80 Min.
≈ 4–5 l/Min.	Minutenvolumen ⎭	≈ 5 l/Min.
≈ 30–35 l/Min.	Max. Minutenvolumen	≈ 20–25 l/Min.
kleiner	Systolischer Druck	größer
kleiner	Arterielle Druckamplitude	größer
kleiner	Herzarbeit/Tag (Ruhe)	≈ 10 000–15 000 mkp
< 250 ml/Min.	Coronares Minutenvolumen (Ruhe)	> 250 ml/Min.
< 30 ml/Min.	Cardialer O_2-Verbrauch (Ruhe)	> 30 ml/Min.
groß	Coronare O_2-Reserve	klein
klein	Blutstromgeschwindigkeit	groß
kleiner	Pulswellengeschwindigkeit (im Alter)	größer
größer	Gefäßelastizität (im Alter)	kleiner
groß	Capillarisierung in der Peripherie	klein
selten	Atherosklerose	häufig
selten	Coronarinsuffizienz	häufig
selten	Hypertone u. andere Regulationsstörungen	häufig

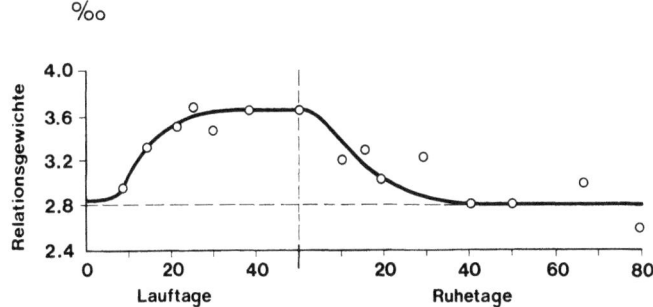

Abb. 9. Relative Herzkammergewichte bei Versuchstieren während und nach einer Trainingsperiode (nach Hort, 1951)

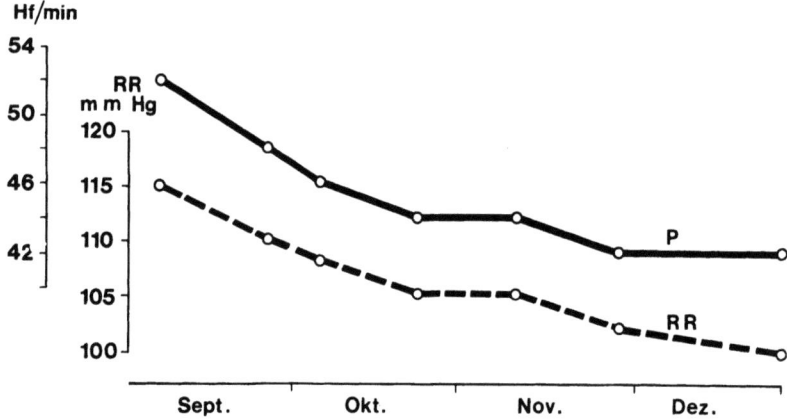

Abb. 10. Typisches Beispiel der Abnahme von Herzschlagfrequenz und systolischem Druck während einer Trainingsperiode bei einem Dauerleister (nach Prokop, 1952)

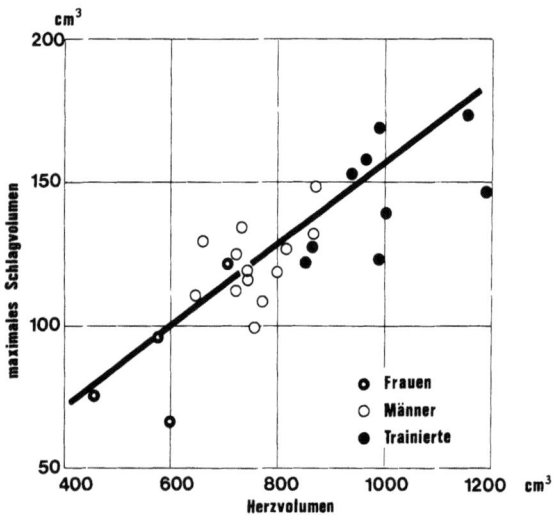

Abb. 11. Die Relation von maximalem Schlagvolumen und Herzvolumen bei untrainierten Männern und Frauen und trainierten Dauerleistern (nach Musshoff, Reindell u. Klepzig, 1957)

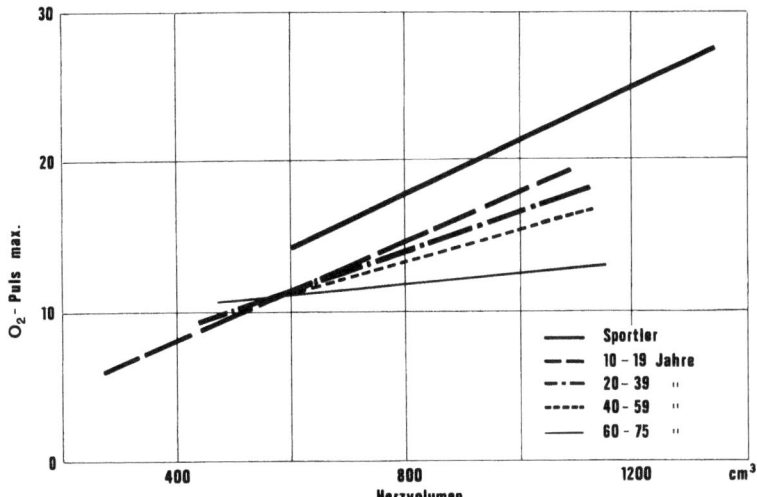

Abb. 12. Beziehungen von Herzvolumen und maximalem O_2-Puls bei 10–75jährigen Probanden und bei (Dauer-)Trainierten. Zusammenfassende Darstellung mehrerer Veröffentlichungen (nach Reindell u. Mitarb., 1961)

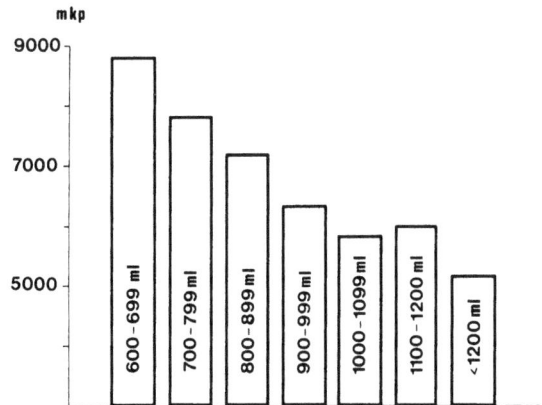

Abb. 13. Die Beziehungen des Herzvolumens zur Herzarbeit in 24 Stunden von Dauerleistern. Je größer die Herzen durch Training werden, um so kleiner wird die Ruhe-Herzarbeit. Die ökonomisierende Wirkung des Trainings wird hierin deutlich (nach Israel, 1968)

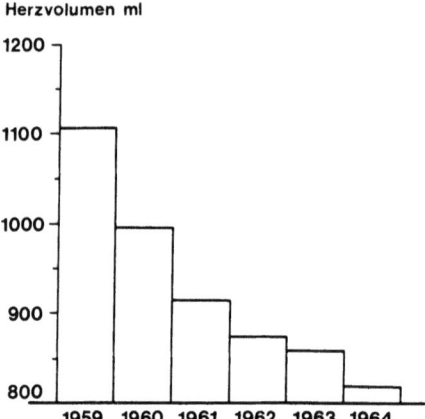

Abb. 14. Rückbildung des Herzvolumens eines Marathonläufers. Nach Beendigung des Hochleistungstrainings 1959 relatives Herzvolumen 12,3 ml/kg (nach Israel, 1968)

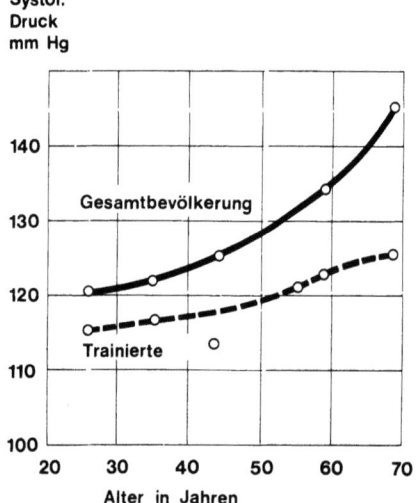

Abb. 15. Systolischer Druck (RR Arteria cubitalis) in verschiedenen Altersstufen bei der Gesamtbevölkerung (Mittelwerte n. Saller, Bordley u. Eichna) und bei 107 (Dauer-)Trainierten (Mellerowicz, 1956)

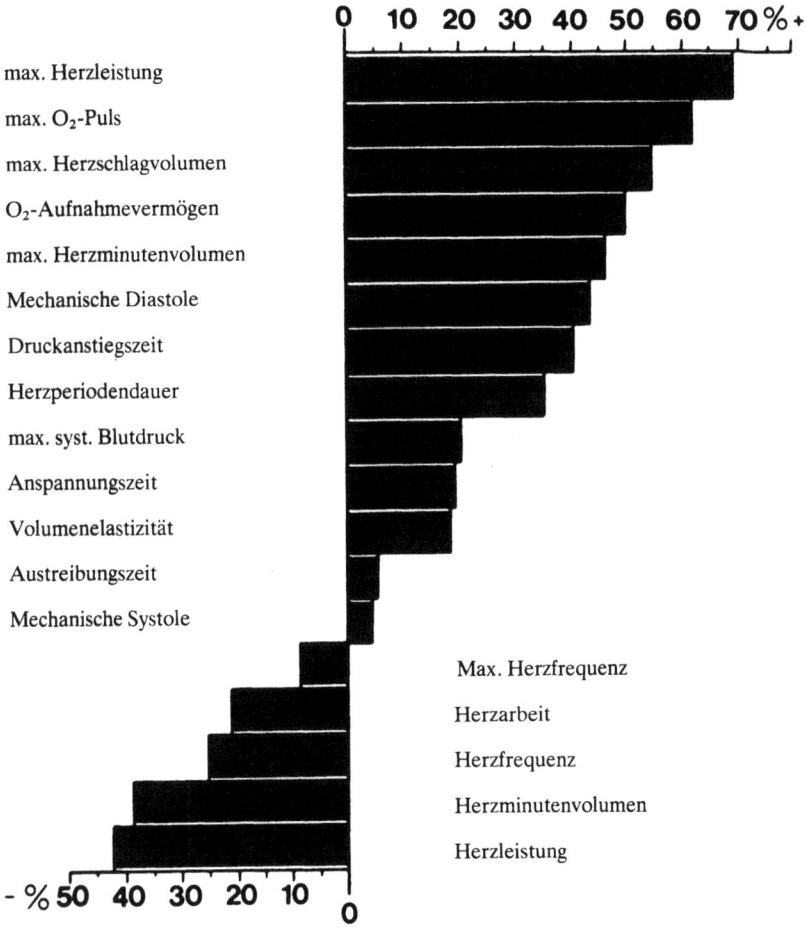

Abb. 16. Unterschied (%) des Wertes einer Reihe hämo-dynamischer Meßgrößen bei Herzen von 1300 ml im Vergleich mit Herzen von 700 ml Volumen. Aufgrund von 471 Einzeluntersuchungen (nach Israel, 1968)

bradycarden Arbeitsweise ist die Systolendauer und Diastolendauer verlängert und der cardiale Arbeits-O_2-Verbrauch vermindert.

2. Im Laufe jedes Dauerleistungstrainings läßt sich die Abnahme der Herzschlagfrequenz und des systolischen Blutdruckes beobachten (Abb. 10). Der Altersanstieg des systolischen Blutdruckes (Abb. 15) und der Pulswellengeschwindigkeit ist bei ständig trainierenden Dauerleistern kleiner.

3. Das *Minutenvolumen* des großen Leistungsherzens ist kleiner. Messungen mit verschiedenen Methoden haben das übereinstimmend ergeben. Bei Anwendung invasiver Methoden, die die Versuchspersonen irritieren und ihre Herzschlagfrequenz ansteigen lassen, sind bei mäßig trainierten Dauerleistern höhere Schlag- und Minutenvolumina gefunden worden. Auch echokardiographische Methoden zeigen größere Auswurffraktionen in Ruhe bei trainierten Dauerleistern (Hanson, J., 1973; Morganroth, B. et al., 1975)
Die Fließgeschwindigkeit des Blutes ist in Körperruhe im dauertrainierten Kreislauf kleiner (Mellerowicz u. Petermann, 1952; Pere, 1952).
Das Durchblutungsvolumen trainierter Muskeln ist bei gleicher Leistung vermindert (Treumann, 1969; Philippi et al., 1973 u. a.).

4. Bei kleiner Schlagzahl, Druck- und Volumenarbeit ist in Körperruhe die *Herzarbeit* und *Herzleistung* des großen Leistungsherzens mehr oder weniger reduziert, sogar noch bei 1 Stunde Training täglich (Mellerowicz, 1956). In den übrigen 23 Stunden des Tages arbeitet das Leistungsherz in einem ökonomischen Schongang. Je größer das Herzvolumen des Leistungsherzens ist, um so kleiner ist generell die Tages-Herzarbeit (Israel 1968, Abb. 13).
Bei kleiner ökonomischer Arbeit und Leistung des Sportherzens in Körperruhe sind seine Leistungsreserven erheblich vergrößert. Seine maximalen Druck- und Blutvolumenleistungen sind erheblich höher als die des kleinen „Sitzherzens". Das ist eine wesentliche Voraussetzung für eine große Mittel- und Dauerleistung des Organismus.

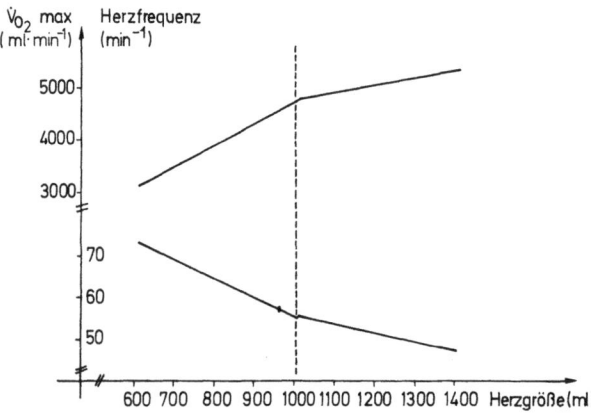

Abb. 17. Das Verhalten von maximaler Sauerstoffaufnahme und Ruhefrequenz in Abhängigkeit von der Sportherzbildung (nach Israel, 1975)

5. Vergleichende Messungen von Israel, 1975, an Herzen mit weniger und mehr als 1000 ml Volumen haben ergeben: Herzgröße und cardiale Leistungsfunktionen sind nicht in der gesamten Breite der Anpassung linear, sondern durch Kurven parabolischer Form verbunden (Abb. 17).

6. Krafttraining, z. B. von Gewichthebern, bewirkt, wie echokardiographische Untersuchungen gezeigt haben (Morganroth, B. et al., 1975; Dickhuth, H., 1979) eine Zunahme des Durchmessers der linken Kammerwand (Myocardhypertrophie) ohne Volumenvergrößerung des Herzens.

2.5 Trainingswirkungen auf das Atmungssystem

1. Das *Wachstum des Brustkorbes* bei Jugendlichen zu einem Thorax mit größerer Breite, Tiefe und größerem Volumen scheint durch Leibesübungen, die ein hohes Atemzeitvolumen erfordern, gefördert zu werden (Matthias, 1916; Prokop, 1952; v. Verschuer, 1954).

2. Besonders bei Beginn des Trainings im Jugendalter kann sich im breiteren Thorax eine *Leistungslunge* von größerem Volumen (und Blutvolumen), Gewicht und größerer Alveolaroberfläche entwickeln.

3. Training bewirkt eine *Aktivitätshypertrophie der Atemmuskulatur*.

4. Hochtrainierte Dauerleister atmen im allgemeinen ökonomisch mit kleinem Atemzeitvolumen (Abb. 18), Atemäquivalent und kleiner Atemfrequenz in Körperruhe und bei gleichen submaximalen Leistun-

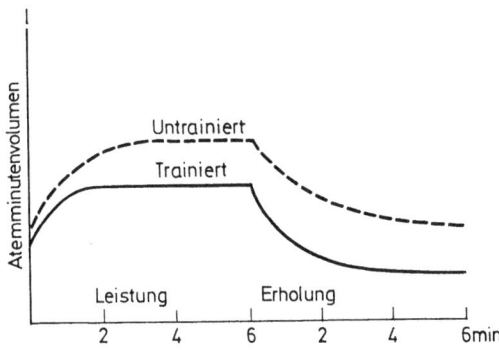

Abb. 18. Vergleichende schematische Darstellung des Atemminutenvolumens einer untrainierten und einer (dauer-)trainierten Person während und nach gleicher Leistung

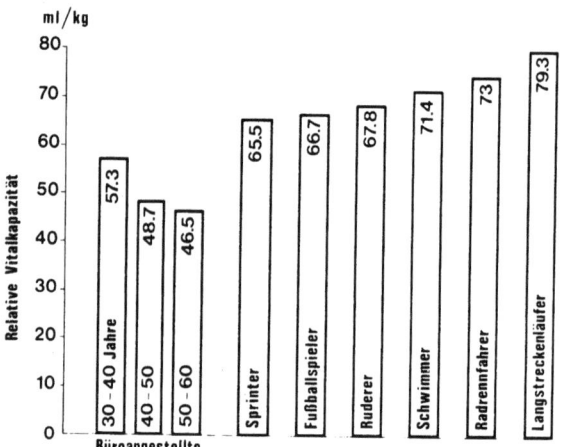

Abb. 19. Die relative Vitalkapazität (Mittelwerte in ml/kg) bei 30–60jährigen Büroangestellten (n = 30) und je 10 Spitzensportlern in verschiedenen Leistungsformen. Die relativ größten Werte der VK haben Langstreckenläufer und Radrennfahrer. Die absolut größten VK-Werte werden bei Ruderern und Schwimmern gefunden (Mellerowicz, 1972)

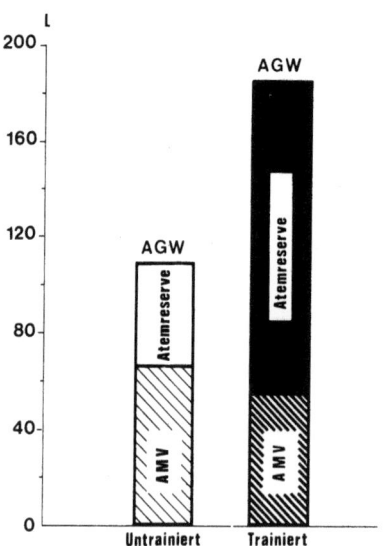

Abb. 20. Atemgrenzwert (AGW), Atemreserve und Atemminutenvolumen (AMV) während einer Leistung von 120 Watt bei einem Propanden im untrainierten Zustand und nach einem 1½jährigen Ausdauertraining (nach Hollmann, 1961)

gen. Ihre O_2-Ausnutzung der Atemluft ist größer als die von Untrainierten. Mit größerem Atemvolumen sind ihre alveoläre Ventilation, der alveoläre und arterielle O_2-Partialdruck größer. Das hat Bedeutung für die leistungssteigernde, präventive und rehabilitative O_2-Versorgung von Zellen und Organen.

5. Die *Vitalkapazität (VK)* und der *Atemgrenzwert* werden durch Dauer- und Mittelleistungstraining erheblich vergrößert. Die relativ größten Vitalkapazitäten weisen Dauerleister wie z.B. Langstreckenläufer und Radrennfahrer auf (Abb. 19). Die absolut größten Vitalkapazitäten haben die körperlich größeren und schwergewichtigeren Ruderer und Schwimmer.

Die relative VK (VK/kg Körpergewicht) hat als ein leistungsfördernder Faktor für Dauerleistungen größere Bedeutung als die absolute VK. Spitzensportler in Dauerleistungen haben bei einer hohen relativen O_2-Kapazität (>70 ml/kg), einem hohen relativen maximalen Atemzeitvolumen im allgemeinen eine hohe relative VK (>70 ml/kg) und ein hohes relatives Herzvolumen (>15 ml/kg).

6. Das trainierte Atemsystem hat größere Ventilationsreserven (Abb. 20), ein höheres maximales Atemzeitvolumen und eine größere maximale *O_2-Aufnahme*. Die Werte der maximalen O_2-Aufnahme liegen bei höchsttrainierten Dauerleistern nicht selten über 6000 ml O_2/Min (Mittelwerte ≈ 2000–3000 ml O_2-Min). Die höchsten Werte der

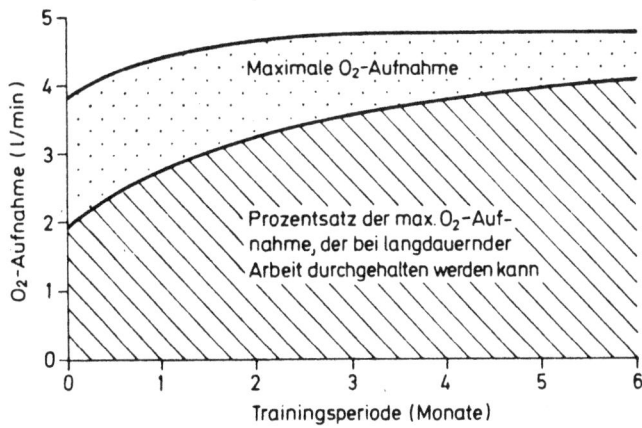

Abb. 21. Beziehung zwischen max. O_2-Aufnahme und länger einzuhaltender Belastungsintensität. Ein Ausdauertraining vergrößert nicht nur die maximale aerobe Kapazität, sondern auch den Prozentsatz der maximalen Sauerstoffaufnahme, der über einen bestimmten Zeitraum durchgehalten werden kann (nach Åstrand u. Rodahl, 1970)

relativen maximalen O_2-Aufnahme sind größer als 80 ml O_2/pro 1 kg Körpergewicht (Mittelwert $\approx$ 40 ml O_2/kg).
Durch Ausdauertraining wird auch der Prozentsatz der maximalen O_2-Aufnahme, der bei Leistungen längerer Dauer aufgenommen werden kann, vergrößert (n. Astrand u. Rodahl, 1970), s. Abb. 21.

7. Der respiratorische Quotient ist bei Dauerleistungen gleicher Größe bei trainierten Mittel- und Dauerleistern kleiner (Fric et al., 1973) infolge vermehrter Utilisation von Fettsäuren.

2.6 Trainingswirkungen auf das vegetative System

Training hat auch nachweisbare Wirkungen auf das vegetative Nervensystem. Es wird trainiert bei der Einstellung der Organe auf die Leistung und bei den der Leistung folgenden komplexen Erholungsvorgängen. Jedes Training trainiert die diffizilen und differenzierten Steuerungs- und Regulationsvorgänge im Organismus vor, während und nach der Leistung.

1. Die *schnellere vegetative Leistungseinstellung* des trainierten Organismus ist eng verbunden mit den morphologischen und funktionellen Trainingswirkungen auf die Organe. Die kürzere Anlaufzeit kardiopulmonaler Leistungsfunktionen z.B. ist wahrscheinlich auch durch die größere Leistungsbreite des trainierten Herzens und Atemapparates bedingt.

2. Die *Ökonomisierung* vegetativer Regulationen durch Training wird besonders deutlich an den Funktionen von Herz, Kreislauf und Atmungssystem (s. 2.4 und 2.5). Ihre vegetativ gesteuerte Rationalisierung ist eine wesentliche Voraussetzung für die Leistungssteigerung.

3. Eine *parasympathicotone* (trophotrope, cholinergische) Einstellung des vegetativen Systems wird durch Dauerleistungstraining bewirkt (Abb. 22). Sie findet ihren Ausdruck z.B. in der Bradycardie und Bradypnoe des trainierten Dauerleisters, auch in einer relativen Lymphocytose und geringen Eosinophilie des Blutes u.a.

4. Ausdauertraining hat eine *sympathikolytische* Wirkung. Es wirkt deshalb präventiv und rehabilitiv gegen die häufigen sympathikotonen, hyperergischen Regulationsstörungen vieler Menschen unserer Zeit.

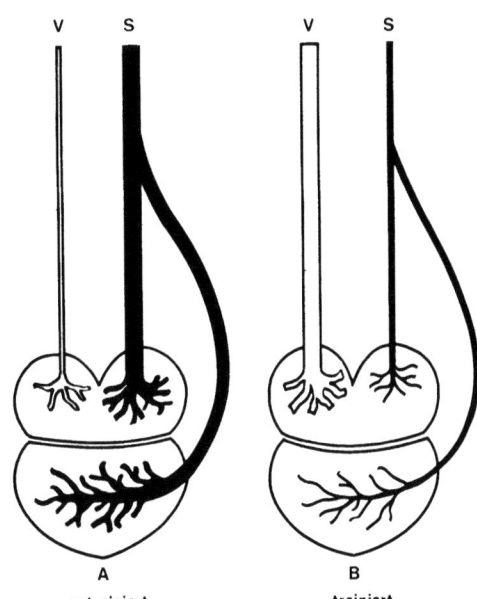

Abb. 22. Schematische Darstellung der vegetativen Versorgung des untrainierten und des trainierten Herzens, bei dem der Vaguseinfluß dominiert. *V*, Vagus; *S*, Sympathicus (nach Raab, 1957)

A untrainiert   B trainiert

2.7 Trainingswirkungen auf endokrine Drüsen

1. Die *Nebennierenrinde* (NNR) hypertrophiert bei Einwirkung von Training auf den Organismus (Abb. 23, 24). Tierexperimentelle Untersuchungen (Hort, 1951; Beickert, 1954; Zirr, 1959 u. a.) und Sektionsbefunde von Schwerarbeitern (Leubner, 1957) und Sportlern (Linzbach, 1947) haben das gezeigt. Zirr konnte in Laufversuchen mit Goldhamstern quantitative Beziehungen zwischen dem Trainingsmaß und dem Grad der NNR-Hypertrophie nachweisen (Abb. 26, 27). Hort fand bei Laufversuchen mit Ratten ähnliche Entwicklungskurven der NNR-Hypertrophie und der Gewichtszunahme des Herzens (Abb. 24). Über den Einfluß von Training verschiedener Qualität auf die NNR können z. Zt. noch keine Aussagen gemacht werden.

Die „trainierte NNR" von größerem Gewicht und Volumen kann mehr Corticoide bilden, speichern und bei Streß verschiedener Art, auch bei körperlichen Leistungen (insbesondere Dauerbeanspruchungen), vermehrt ins Blut abgeben. Ihre Stoffwechselprodukte können beim Trainierten in größerer Quantität im Harn ausgeschieden werden (Taylor et al., 1971). Bei gleichen körperlichen Leistungen ist jedoch im trainierten Organismus der Anstieg der (Gluco-) Corticoide im Blutplasma geringer (Frenkl et al., 1969).

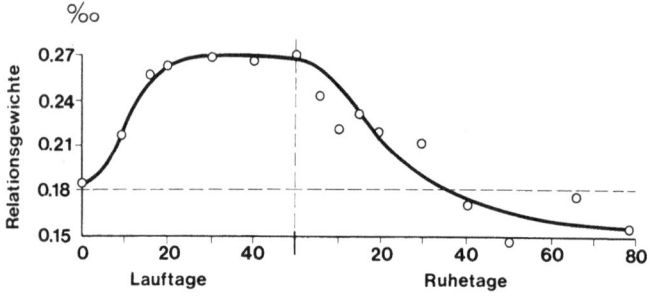

Abb. 23. Relative NNR-Gewichte von Versuchstieren während und nach einer Trainingsperiode (nach Hort, 1951)

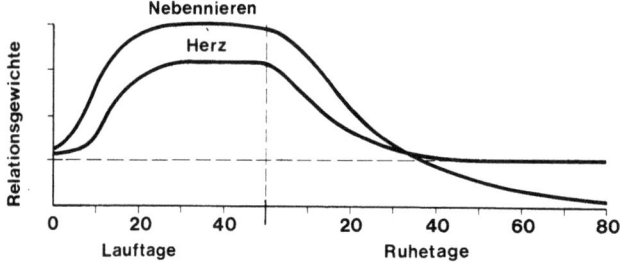

Abb. 24. Relative Herz- und NNR-Gewichte von Versuchstieren während und nach einer Trainingsperiode (nach Hort, 1951)

Die Dauerleistungsfähigkeit wird wesentlich von der größeren NNR und den Quantitäten der Corticoide, die spezifische katalysatorische Wirkungen im Leistungsstoffwechsel entfalten, bestimmt (Abb. 28, 29).

2. Adrenalin- und Noradrenalinkonzentrationen im Blutplasma von Ausdauertrainierten sind bei gleichen submaximalen Leistungen kleiner (Hartley et al., 1972; Cousineau et al., 1977). Im Laufe eines mehrwöchigen Ausdauertrainings nimmt bei gleichen submaximalen ergometrischen Leistungen der Adrenalin- und Noradrenalinspiegel ab (s. Abb. 25, n. Winder et al., 1978).

3. Auch der *Hypophysenvorderlappen* (HVL) von trainierten Tieren hypertrophierte nach Untersuchungen von Beickert, 1954. Über das Verhalten der HVL von trainierten Menschen liegen Untersuchungsergebnisse noch nicht vor. Bei den engen Beziehungen von HVL und NNR, ihrem Zusammenwirken in jeder Streß-Situation, der Adaptation an Streß wie an körperliche Beanspruchungen sind auch Trainingsanpas-

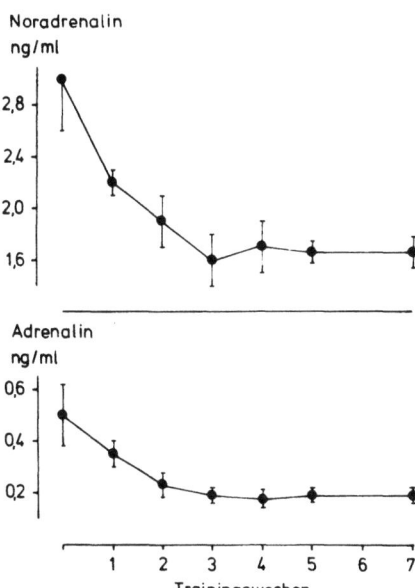

Abb. 25. Abnahme der Adrenalin- und Noradrenalinkonzentration im Blutserum nach einer großen submaximalen Leistung von 5 min. Dauer im Laufe eines Ausdauertrainings von 7 Wochen. Mittelwerte von 6 Probanden (nach Winder u. Mitarb., 1978)

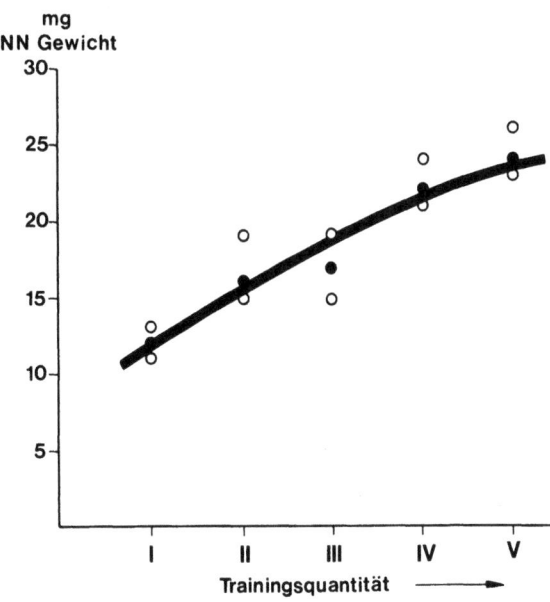

Abb. 26. Nebennieren (NN)-Gewichte von Versuchstieren in Relation zur Trainingsquantität (nach Zirr, 1959)

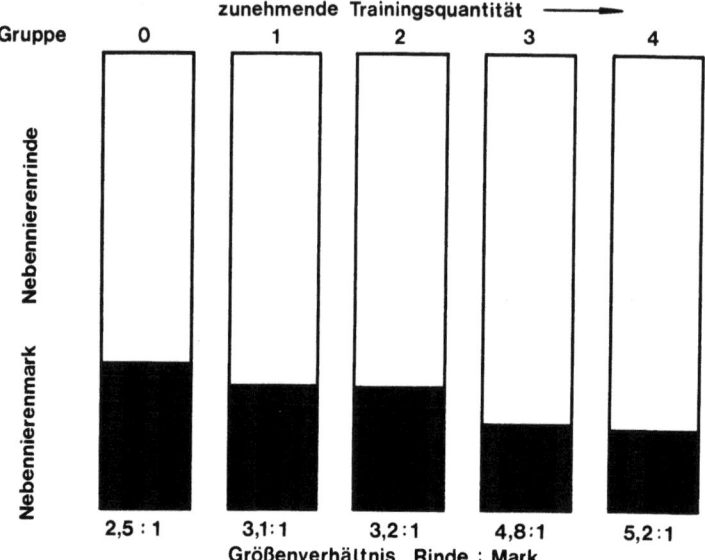

Abb. 27. Relationen von Nebennierenrinde und Nebennierenmark bei Gruppen von Goldhamstern, die mit unterschiedlicher Quantität trainiert wurden (nach Zirr, 1959)

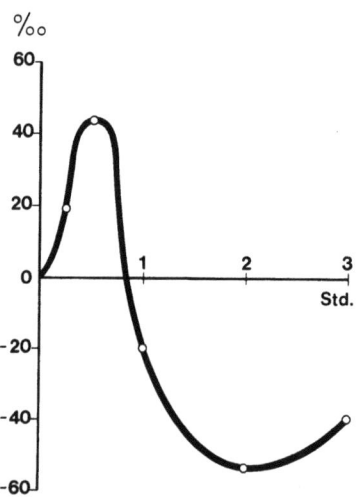

Abb. 28. Prozentuale Änderung der Corticoide im Blut während und nach Muskelarbeit (Kägi zit. nach Zirr, 1959)

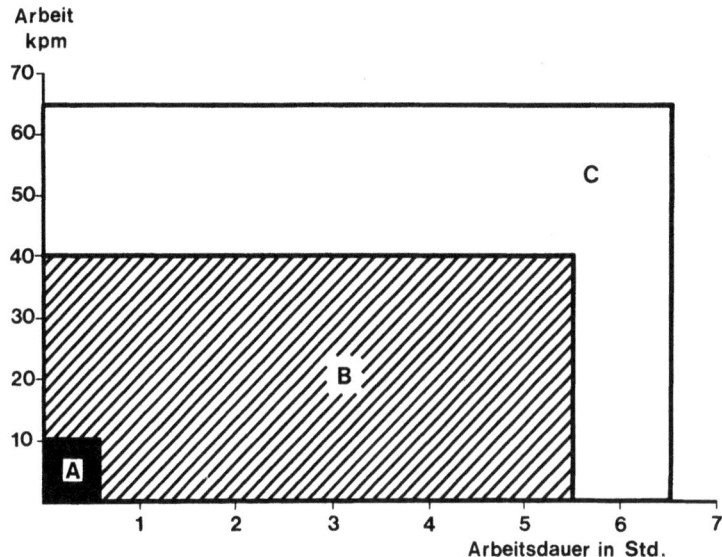

Abb. 29. Vier normale Ratten leisteten je 43–87 kg·m Arbeit und arbeiteten 6–7 Stunden (C). Fünf totaladrenalektomierte Ratten leisteten je 5–16 kg·m Arbeit und arbeiteten ½–¾ Stunde (A). Adrenalektomierte, aber cortinbehandelte Ratten leisteten je 21–60 kg·m Arbeit und arbeiteten 4–7 Stunden (B) (Csik zit. nach Zirr, 1959)

sungen der menschlichen HVL sowie des gesamten HT[1]-HVL-NNR-Systems wahrscheinlich. Ihre Erfassung und ihre genauere histologische und biochemische Definition ist allerdings schwierig, da sie nur bei den seltenen Sektionen von Sportlern nach einem tödlichen Unfall untersucht werden können.

3. Auch *andere endokrine Drüsen* wie die Inselzellen der Pankreas und die Thyreoidea passen sich wahrscheinlich dem körperlichen Training in Abhängigkeit von seiner Qualität und Quantität, von endogenen und exogenen Faktoren in spezifischer Weise an. Bekannt ist z. B. die größere Kohlenhydrattoleranz und der geringere Insulinbedarf von Diabetikern durch Muskelarbeit. Unterschiede im Verhalten der Plasmakonzentrationen von Insulin und Glucagon bei trainierten und untrainierten Probanden während und nach submaximalen ergometrischen Leistungen zeigt die Abb. 30 (nach Bloom et al., 1976). Die Thyreoidea von hochtrainierten Dauerleistern erscheint palpatorisch nicht selten im Vergleich mit Normalfällen mäßig vergrößert. Sie haben gleiche Plasmaspiegel von Schilddrüsenhormonen wie Untrainierte in Körperruhe. Ihre Abbaurate von Tyroxin (T_4) und Trijodthyronin

---
[1] Hypothalamus

(T_3) ist jedoch erhöht (zit. n. Wirth et al., 1980). Das erfordert eine höhere endocrine Sekretion und Biosynthese von Schilddrüsenhormonen. – T_4 und T_3 stimulieren die Enzyme des Citratzyklus bei der oxydativen Energiegewinnung. Eine hohe biochemische Kapazität der Thyreoidea ist deshalb ein wesentlicher bedingender Faktor der erhöhten oxydativen Kapazität des ausdauertrainierten Organismus.

4. Training bewirkt eine differenzierte Steigerung der biochemischen Kapazität des endokrinen Systems sowohl in der Biosynthese und Sekretion anaboler und kataboler Hormone. Sie fördert die homöostatische Stabilität des Organismus im Training sowie bei wechselnden und wachsenden Anforderungen der Umwelt. Für die Ausbildung biochemischer Veränderungen trainierter Organe sind hormonelle Katalysatoren erforderlich. Ausdruck einer ökonomischen endokrinen Regulation im trainierten Organismus sind geringere Hormonkonzentrationen im Blut und in Geweben bei gleichen körperlichen Leistungen (Schüler et al., 1974). Durch Training kann die Sensivität spezifischer Rezeptoren und Enzym-Aktivitäten gesteigert werden (z. B. für Insulin und Thyroxin). Eine gleiche hormonale Wirkung kann infolgedessen mit niedrigeren Hormonkonzentrationen erreicht werden.

2.8 Trainingswirkungen auf andere Organe

Training führt in Abhängigkeit von seiner Quantität und Qualität zu einer Volumen- und Gewichtszunahme der Leber. Die Lebergröße steht in gesetzmäßigen linearen Beziehungen zum Herzvolumen (s. Abb. 31, n. Israel). Die große Trainingsleber hat einen erhöhten Glykogengehalt, der für die Energiebildung bei Leistungen längerer Dauer zur Verfügung steht (Thörner, 1966). In der großen Leistungsleber sind die Mitochondrien vermehrt (zit. n. Schüler et al., 1974) und ihre oxydative Kapazität und Laktataufnahme ist vergrößert (zit. n. Keul, 1969).

Auch die Milz ist bei hochtrainierten Dauerleistern nach Untersuchungen von Smodlaka (1962) vergrößert. Genauere Kenntnisse über histologische, biochemische und enzymatische Veränderungen von Milz und Leber durch Training stehen zur Zeit noch aus bzw. bedürfen der Bestätigung.

Morphologische, physiologische und biochemische Forschung wird sicher in der Zukunft noch eine Vielzahl weiterer Trainingswirkungen auf den Organismus erkennen lassen. Sie sind Voraussetzung für jede organische Leistungssteigerung. Ihre Erkennung wird das Verständnis für die präventive und rehabilitive Bedeutung körperlichen Trainings weiter fördern und vertiefen.

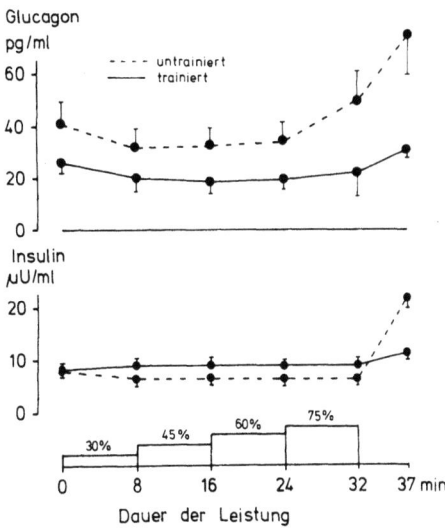

Abb. 30. Insulin und Glucagon im Blutplasma einer Armvene von untrainierten Probanden und 6 trainierten Radrennfahrern während und nach einer ansteigenden submaximalen Leistung von 32 min Dauer (nach Bloom u. Mitarb., 1976)

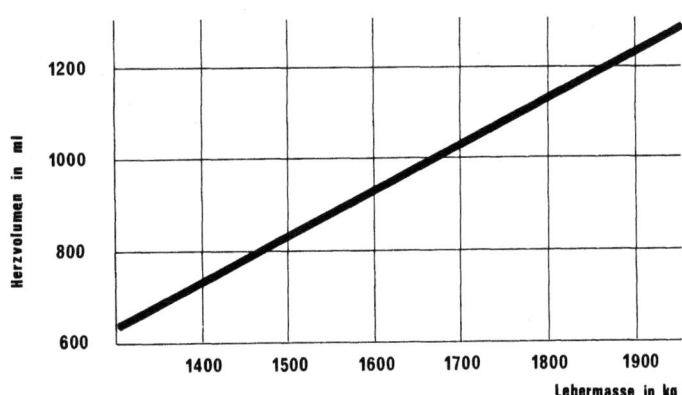

Abb. 31. Beziehung zwischen Lebergröße und Herzvolumen in Verbindung mit Ausdauertraining (nach Israel, 1973)

3 Qualität des Trainings

Von der Qualität des Trainings werden die Trainingswirkungen in Form und Funktion bestimmt. *Spezielles Training hat spezielle Wirkungen auf den Organismus.* An wiederholte besondere Anforderungen paßt er sich in besonderer Weise an. Z. B. hat Krafttraining andere Wirkungen als Ausdauertraining (Tabelle 3). Ein Lauf-Dauertraining hat andere Wirkungen als ein Schwimm- oder ein Radrenn-Dauertraining. Das spezielle Anpassungsvermögen des Organismus ist die Voraussetzung für die spezielle Leistungssteigerung.
Deshalb muß das spezielle Training der speziellen Leistung im Mittelpunkt des Trainings stehen. Die spezielle Anpassung und spezielle Leistungssteigerung wird gestört, wenn überschwellig in anderer Richtung trainiert wird. Wenn ein Läufer viel schwimmt oder radfährt, werden durch die überschwellige Quantität dieser nicht speziellen Leistungsformen zusätzliche Trainingswirkungen ausgelöst, die spezielle Anpassung gestört und die spezielle Leistung reduziert. Hierfür liegen übereinstimmende Erfahrungen aus verschiedenen Sportarten vor.

Unterschwellige, ausgleichende, entspannende andersartige Bewegungsformen werden hierdurch jedoch nicht ausgeschlossen. So können z. B. Radsportler und Läufer durchaus baden, sich im Wasser tummeln oder mit mäßiger Geschwindigkeit und Dauer schwimmen, ohne eine Minderung ihrer speziellen Leistung befürchten zu müssen.

In einigen Sportarten werden verschiedenartige und sogar in ihren Wirkungen gegensätzliche Trainingsformen angewandt. Z. B. führen die Ruderer ein spezielles Krafttraining und ein spezielles Ausdauertraining mit gegensätzlichen Wirkungen durch. Der Organismus wird hierbei gezwungen, in morphologischer Anpassung und physiologischer Funktion eine „*Kompromißlösung*" zwischen Kraft und Ausdauer einzugehen. Er kann in einem solchen gemischten Training weder maximal kräftig noch maximal ausdauernd werden. Es kann aber durchaus bei optimaler Mischung beider Komponenten eine optimale Ruderleistung erreicht werden. –
Da die meisten sportlichen Leistungen sich aus mehreren biologisch unterschiedlichen Komponenten von verschiedener Wertigkeit für die spezielle Leistung zusammensetzen, ist es meist von entscheidender Bedeutung, außer dem speziellen Haupttraining eine *optimale Mischung* der einzelnen Komponenten anzuwenden. So braucht der Mit-

Tabelle 3. Vergleichende Darstellung der Wirkungen von Ausdauertraining und Krafttraining auf Skelettmuskulatur, Blut, Herz und Kreislauf, Atmungssystem, vegetatives System und endokrine Drüsen

Organsysteme	Ausdauertraining	Krafttraining
Skelettmuskulatur	*Zunahme* ↗	*Zunahme* ↗ – Muskelquerschnitt (Hypertrophie) – Weiße Muskelfasern (FT) – Actin-Myosin-Filamente
	– Rote Muskelfasern (ST)	
	– Myoplasma – Mitochondrien (Zahl, Volumen) – Myoglobin – Glykogen, Neutralfette	– Adenosintriphosphat (ATP) – Kreatinphosphat
	– Fermente, oxydative – Vaskularisierung – Kapillarisierung	– Fermente, anoxydative – Elektrische Erregbarkeit
	– Ausdauer	– Kraft
	Abnahme ↘ – Ermüdbarkeit – Lactatbildung (bei gleichen Leistungen)	
Blut	*Zunahme* ↗ – des Blutvolumens – der Erythrozyten – des Hämoglobins – der Neutralisations- und Pufferkapazität – der arterio-venösen O_2-Differenz – der HD-Lipoproteine – der fibrinolytischen Aktivität *Abnahme* ↘ – erhöhter Neutralfett-, LD-Lipoprotein-, Glukose-Spiegel	Keine sicher erwiesenen Wirkungen

Tabelle 3 *(Fortsetzung)*

Organsysteme	Ausdauertraining	Krafttraining
Herz und Kreislauf	*Zunahme* ↗ – Herzgewicht ($\approx$ 350–500 g) – Herzvolumen ($\approx$ 900–1400 ml) – Maximales Minutenvolumen – Systolendauer – Diastolendauer – O_2-Coronarreserve – Coronarvolumen *Abnahme* ↘ – Herzfrequenz – Minutenvolumen – Systolischer Blutdruck – Blutstromgeschwindigkeit – Pulswellengeschwindigkeit – Herzarbeit/Tag (in Ruhe)	*Zunahme* ↗ – des Durchmessers der linken Herzkammerwand (ohne Volumenzunahme des Herzens)

Atmungssystem	*Zunahme* ↗
	– Brustkorb (Breite, Tiefe, Volumen)
	– Leistungslunge mit
	  – größerem Volumen
	  – größerem Gewicht
	  – größerer Alveolaroberfläche (besonders im Kindes- und Jugendalter)
	– Aktivitätshypertrophie der Atemmuskulatur
	– Größere O_2-Ausnutzung der Atemluft (kleineres Atemäquivalent)
	– Vitalkapazität
	– Maximales Atemzeitvolumen
	– Maximale O_2-Aufnahme
		Keine sicher erwiesenen Wirkungen

Vegetatives System	– Parasympathicotone, trophotrope, cholinerge Regulation – Ökonomisierung vegetativer Regulationen – Schnellere vegetative Leistungseinstellung – Sympathicolyse	Keine sicher erwiesenen Wirkungen

Tabelle 3 *(Fortsetzung)*

Organsysteme	Ausdauertraining	Krafttraining
Endokrine Drüsen	*Zunahme* ↗ – Volumen, Gewicht (NNR, HVL, Thyreoidea u. a.) – Biochemische Kapazität (für Biosynthese und Sekretion von anabolen und katabolen Hormonen) – Ökonomisierung spezifischer endokriner Sekretionen bei submaximalen Leistungen	Keine sicher erwiesenen Wirkungen

telleister zusätzlich zum speziellen Training seiner besonderen Mittelleistung meist ein Training der Einzelkomponenten Kraft, Schnelligkeit, Ausdauer u. a. In Abhängigkeit von den konstitutionellen Gegebenheiten kommt es hierbei darauf an, die optimale Mischung der einzelnen Leistungskomponenten zu finden und anzuwenden. – Eine Analyse der endogenen bedingenden Leistungsfaktoren gibt hierfür quantitative und qualitative Hinweise. –
Krafttraining bewirkt u. a. eine Hypertrophie der Muskulatur mit Querschnitts- und Volumenzunahme der trainierten Muskeln. Dagegen hat Ausdauertraining von großer Dauer und geringer Intensität keine erkennbaren hypertrophierenden Wirkungen auf die Skelettmuskulatur (s. hierzu 2.1).
Dauertraining bewirkt eine erhebliche Zunahme der Vaskularisierung des trainierten Muskels, eine Gewichts- und Volumenzunahme des Herzens, der Lungen und anderer innerer Organe. Diese Wirkungen sind bei reinem Krafttraining nicht nachweisbar (s. Tabelle 3).
Für die Entwicklung der inneren Organe hat deshalb überschwelliges Dauertraining, das ohne Pause mehr als ≈ 6 Minuten dauert, besondere Bedeutung. Für Leistungen von mehr als ≈ 6 Minuten überwiegt der Anteil der aeroben Energiebildung gegenüber der anaeroben Energiebildung. Infolgedessen werden bei Dauerleistungen (> 6 min) die Organsysteme, die der O_2-Aufnahme und dem O_2-Transport dienen, besonders in Anspruch genommen und bei ansteigendem Trainingsmaß ihre Entwicklung gefördert. Bei älteren Menschen sind sie besonders zur Erhaltung der Funktion innerer Organe, speziell des Herz-, Kreislauf- und Lungensystems geeignet.

Eine Förderung der Entwicklung innerer Organe wird dagegen von Kurzleistungen, d.h. Leistungen, deren Dauer kürzer ist als ≈ 1 Minute, nicht bewirkt. Sie sind geeignet zur Förderung von Kraft, Schnelligkeit und Beweglichkeit (motorisches Koordinationsvermögen). Ein spezielles Training der lokalen Muskelausdauer (anaerob-aerob; dynamisch-statisch) einzelner Muskelgruppen kann für bestimmte sportliche Leistungen und im rehabilitiven Training Bedeutung haben.

Eine systematische Übersicht von Leistungen verschiedener Dauer, für die eine spezielle Qualität des Trainings erforderlich ist, zeigt die Abb. 32.

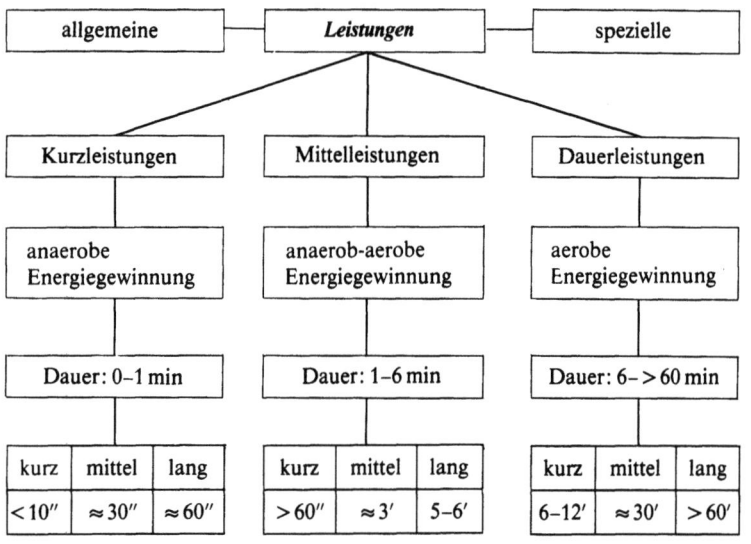

Abb. 32. Übersicht von Leistungen verschiedener Dauer, für die eine spezielle Qualität des Trainings erforderlich ist

4 Quantität des Trainings

4.1 Definition der Trainingsquantität

Die Trainingsquantität (das Trainingsmaß) wird gekennzeichnet durch
1. die Trainingsleistung (Trainingsintensität),
2. die Trainingsdauer und
3. die Trainingshäufigkeit
in bestimmter Zeit (z. B. pro Tag, Woche, Monat, Jahr).
Zu unterscheiden ist die *absolute* Trainingsleistung von der *relativen* Trainingsleistung.
Ein Maß für die *absolute Trainingsleistung* ist z. B. die Laufgeschwindigkeit, die Schwimmgeschwindigkeit, die Geschwindigkeit des Bootes beim Rudern bzw. die Strecke, die in bestimmter Zeit zurückgelegt wird. Beim experimentellen Training auf dem Ergometer wird die Trainingsleistung in mkp/sec bzw. in Watt gemessen.
Die *relative Trainingsleistung* wird in % der höchsten Leistung angegeben.
Beispiel: 3 000 m Bestzeit: 10 Min. = 18 km/h = 100,0%
3 000 m Trainingszeit: 12 Min. = 15 km/h = 83,3%
d. h. Bestzeit + 20% der Bestzeit.

Schwieriger ist die Trainingsleistung im Intervalltraining zu bestimmen. Zu berechnen ist die mittlere Leistung, z. B. indem die gesamte Laufstrecke durch die Laufzeit dividiert wird. Zur Kennzeichnung der Art des Intervalltrainings ist jedoch die Leistung und die Dauer der Intervallphasen anzugeben.

Die *T-Dauer*[1] wird in Sekunden, Minuten und Stunden angegeben.
Die *T-Häufigkeit* wird gekennzeichnet durch die Zahl der in engerem zeitlichen Zusammenhang durchgeführten Trainingsleistungen (Trainingseinheit) pro Tag, Woche, Monat, Jahr. Siehe Tabelle 4.

Werden z. B. 2 × 10 km am Nachmittag gelaufen, ist die T-Häufigkeit 1 × täglich. Werden dagegen z. B. 1 × 10 km vormittags gelaufen und 1 × 10 km nachmittags, ist die T-Häufigkeit 2 × täglich. Bei gleicher Laufgeschwindigkeit ist dann zwar die Trainingsquantität pro Tag gleich, bei unterschiedlicher Häufigkeit kann aber die Trainingswirkung unterschiedlich sein (vgl. 4.5).

---

[1] Trainingsdauer

Tabelle 4. Komponenten der Trainingsquantität

Trainingsquantität		
Trainingsleistung (Trainingsintensität)	absolut:	m/sec
		km/h
		mkp/sec
		Watt
	relativ:	% der maximalen Leistung
Trainingsdauer	sec, min, h	
Trainingshäufigkeit	1, 2, 3 mal usw.	
	pro Tag, Woche, Monat, Jahr	

4.2 Der Wirkungsgrad des Trainings

Der Wirkungsgrad des Trainings wird gekennzeichnet durch die Relation von Leistungszuwachs und Trainingsquantität. Im ergometrischen Trainingsversuch kann die Trainingsquantität in mkp gemessen und der Leistungszuwachs für eine Leistung bestimmter Dauer ebenfalls in mkp bestimmt werden. Der Wirkungsgrad des Trainings ist dann der Quotient aus $\frac{Lzw(mkp)}{T\text{-Quantität (mkp)}}$, der in Prozent angegeben werden kann.

Zur Definition des Wirkungsgrades des Trainings sind jedoch experimentelle Untersuchungen mit konstitutionell und konditionell annähernd gleichen Gruppen erforderlich, die während vergleichender Trainingsuntersuchungen in gleichem Milieu leben und gleiche Ernährung haben.

4 annähernd gleiche Gruppen trainierten wir (mit Maidorn, 1961) mit unterschiedlicher Trainingsquantität (bei gleicher T-Leistung und T-Häufigkeit).

Gruppe I trainierte am Ergometer mit einer T-Quantität von
≈ 6000 mkp/Woche
Gruppe II trainierte mit der 3fachen T-Quantität von
≈ 18000 mkp/Woche
Gruppe III trainierte mit der 6fachen T-Quantität von
≈ 36000 mkp/Woche
Gruppe IV trainierte mit der 10fachen T-Quantität von
≈ 60000 mkp/Woche

Die graphische Darstellung Nr. 33 zeigt das Verhalten des Wirkungsgrades des Trainings bei vier annähernd gleichen Gruppen, die vier

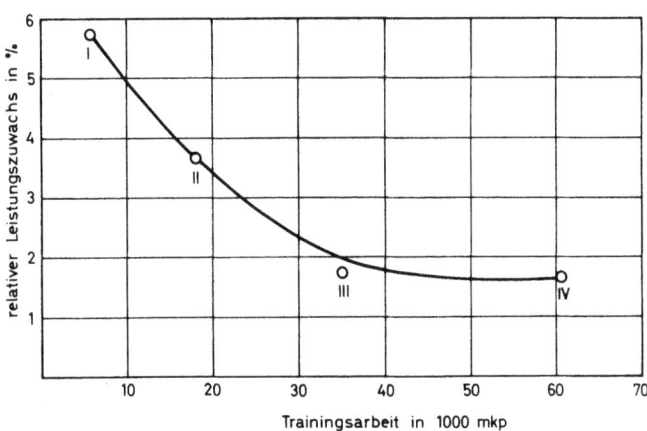

Abb. 33. Wirkungsgrad des Trainings bei 4 annähernd gleichen Gruppen, die mit unterschiedlichem Trainingsmaß am Ergometer trainierten. Relativer Leistungszuwachs in % der Trainingsarbeit (Mellerowicz, 1967)

Wochen mit unterschiedlicher Trainingsquantität trainierten. Der Wirkungsgrad des Trainings war am höchsten in der Gruppe, die mit der kleinsten Trainingsquantität trainierte. Er war wesentlich kleiner in der Gruppe, die mit der höchsten Trainingsarbeit trainierte.

1. *Mit zunehmendem Trainingsmaß nimmt der Wirkungsgrad des Trainings bei gleicher T-Leistung in Form einer Kurve von exponentieller Verlaufsform ab.*
2. *Bei gleicher Trainingsquantität, aber ansteigender Trainingsleistung nimmt der Wirkungsgrad des Trainings mit zunehmender T-Leistung zu* (vgl. 4.4).
3. *Bei gleicher Trainingsquantität, aber verschiedener T-Häufigkeit wird der Wirkungsgrad mit zunehmender Häufigkeit größer* (vgl. 4.5).
4. *Mit zunehmendem Trainingszustand nimmt der Wirkungsgrad des (gleichen) Trainings ab* (vgl. 4.7).
5. *Der höchste Wirkungsgrad wird deshalb bei Trainingsformen von großer Intensität, relativ kleiner Dauer, jedoch großer Häufigkeit bei mäßigem Trainingszustand erreicht.*

Um die Höchstleistung zu erreichen, sind dennoch große Trainingsquantitäten von langer Dauer und kleinem Wirkungsgrad erforderlich.

4.3 Trainingsquantität und Leistungszuwachs

Die Kenntnis der Beziehungen von Trainingsquantität und Leistungszuwachs (Lzw) sind von grundsätzlicher Bedeutung für die allgemeine und spezielle Trainingslehre. Es entspricht allgemeiner Erfahrung: mit zunehmendem Trainingsmaß steigt die Leistung entsprechend an.
Die Trainingsquantität kann definiert werden als das Produkt aus T-Leistung (in mkp/sec), T-Dauer (in sec, min, h) und T-Häufigkeit (in Zahlen) in bestimmter Zeit.

Z.B. wird beim experimentellen Training auf dem Ergometer die T-Quantität in mkp pro Tag, Woche, Monat, Jahr oder auch in Wattsekunden, Wattstunden, Kilowattstunden pro Tag, Woche, Monat, Jahr angegeben. (1 mkp/sec=9,81 Watt= ≈ 10 Watt). Im speziellen Training, in dem die Leistung nicht in mkp/sec gemessen wird, ist die Angabe der T-Quantität entsprechend abzuändern, z.B. durch Angabe der Laufgeschwindigkeit, Schwimmgeschwindigkeit usw.

Mit zunehmender T-Quantität wird der Leistungszuwachs in gesetzmäßiger Form relativ (in Relation zum Trainingsmaß) stetig kleiner.
Es kann nach den vorliegenden Trainingserfahrungen angenommen werden: Die Kurve steigt mit zunehmendem Trainingsmaß bis zu einem (durch endogene und exogene Faktoren bedingten) Maximum an. – Bei einem Übermaß an Training fällt sie erfahrungsgemäß wieder ab (Abb. 34).

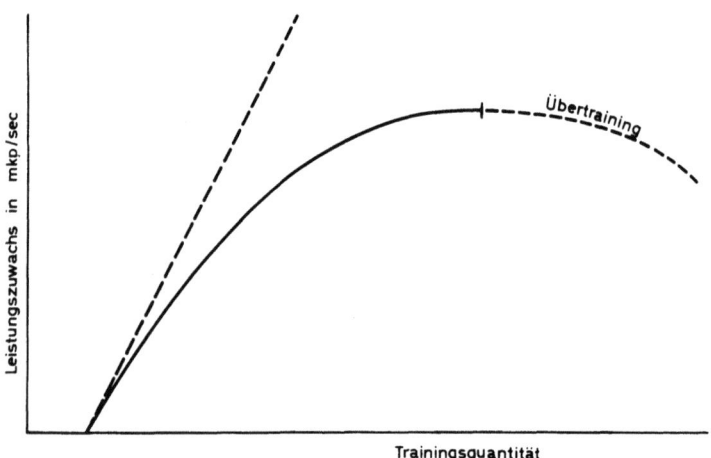

Abb. 34. Beziehungen von Trainingsquantität und Leistungszuwachs in schematischer Form

Die graphische Darstellung Nr. 34 läßt erkennen: *Die Beziehungen von T-Quantität und Lzw werden durch eine Kurve von annähernd parabolischem Verlauf charakterisiert.* Hettinger, Müller (1961), Josenhanns (1962) kamen bei Krafttrainingsversuchen zu ähnlichen Ergebnissen.

4.4 Der Leistungszuwachs bei gleicher Trainingsquantität und verschiedener Trainingsleistung

Bei gleicher Trainingsquantität (= Trainingsarbeit in mkp) pro Tag, Woche, Monat kann die T-Leistung unterschiedlich sein. Ist der Leistungszuwachs hierbei gleich oder unterschiedlich? Zur Klärung dieser Frage ließen wir eineiige Zwillinge von gleichem Trainingszustand mit unterschiedlicher Trainingsleistung bei gleicher Trainingsarbeit trainieren.
Zwilling I trainierte mit 90% der 6-Minuten-Maximalleistung am Ergometer täglich 6 Minuten. Zwilling II trainierte mit 60% der 6-Minuten-Maximalleistung am Ergometer täglich 9 Minuten. Nach 3 und 6 Wochen wurden unter wettkampfmäßigen Bedingungen der Leistungszuwachs im 6-Minuten-Maximalversuch und die O_2-Kapazität bestimmt. Das Ergebnis zeigt die graphische Darstellung Nr. 35.

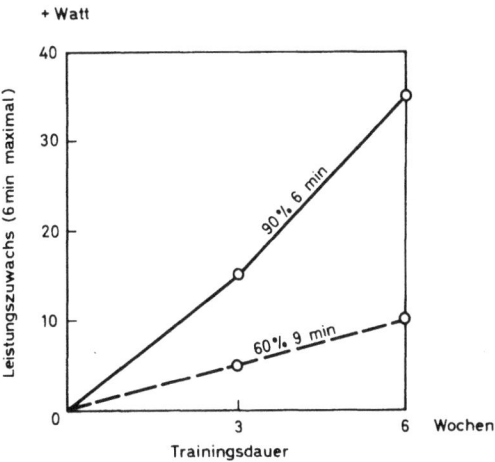

Abb. 35. Der Leistungszuwachs nach einem Dauertraining (von 6 Wochen) mit gleicher Arbeit, aber verschiedener Leistung von eineiigen Zwillingen. Ein Zwilling trainierte täglich mit 90% der 6 min. Maximalleistung 6 min, der andere mit 60%–9 min. (Meller u. Mellerowicz, 1968)

Der Zwilling, welcher mit hoher Intensität, aber kürzer trainierte, erreichte einen wesentlich höheren Leistungszuwachs. Die Unterschiede im Lzw beider Zwillinge liegen außerhalb der Fehlerbreite der Methode. In einem Kontrollversuch mit gleicher Trainingsarbeit und unterschiedlicher Trainingsleistung (30%:60% der Maximalleistung) erreichte der Zwilling, der mit höherer Leistung kürzere Zeit trainierte, ebenfalls einen wesentlich größeren Leistungszuwachs.

Nach diesen Untersuchungen ist es wesentlich wirksamer und ökonomischer, mit hoher Leistung zu trainieren. Es wird dann in kürzerer Zeit ein größerer Leistungszuwachs erreicht.

4.5 Der Leistungszuwachs bei gleicher Trainingsquantität und verschiedener Trainingshäufigkeit

Es ist von grundsätzlichem Interesse zu wissen, ob bei gleicher T-Leistung und T-Dauer die T-Häufigkeit den Lzw beeinflußt. Auch diese Frage ist nur experimentell mit annähernd gleichen Gruppen oder eineiigen Zwillingen zu klären.

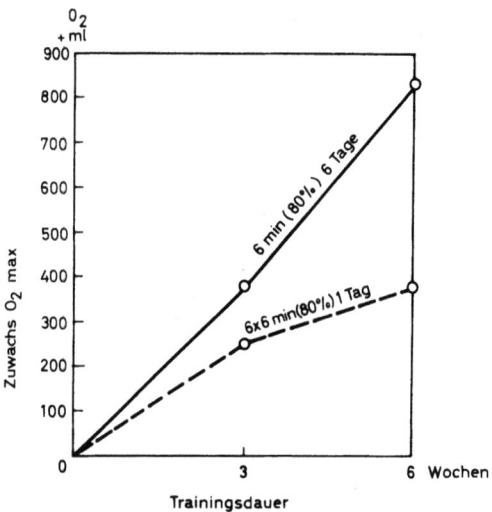

Abb. 36. Der Zuwachs der O_2-Kapazität bei gleicher Trainingsquantität und Trainingsleistung, aber unterschiedlicher Trainingshäufigkeit. Ein Zwilling trainierte mit 80% der 6-min-Maximalleistung 6 Tage pro Woche, der zweite eineiige Zwilling leistete die gleiche Trainingsarbeit und gleiche Trainingsleistung an einem Tage der Woche (Meller u. Mellerowicz, 1970)

In einem Versuch mit eineiigen Zwillingen ließen wir Zwilling I täglich (6 Tage wöchentlich) 6 Minuten mit 80% seiner Maximalleistung trainieren. Zwilling II trainierte 1 × wöchentlich 6 × 6 Minuten mit 80%. Nach 3 und 6 Wochen hatte Zwilling I einen erheblich größeren Zuwachs der Leistung und der O_2-Kapazität (Abb. 36). *Die gleiche Trainingsquantität bewirkt einen größeren Lzw, wenn sie in mehrere Quanten aufgeteilt wird.*
Es erscheint deshalb unzweckmäßig, eine sehr große Trainingsquantität auf wenige Tage zu konzentrieren, z. B. 2–3 Wochenstunden Sport in der Schule auf einen Tag zu legen. Die vorliegenden Erfahrungen lassen annehmen, daß man nur mit häufigem, annähernd täglichem (evtl. 2 × täglich) Training höchste Leistungen erreichen kann.

4.6 Der Leistungszuwachs bei gleicher Trainingsquantität in Dauer- oder Intervallform

Die Auffassung, Dauertraining in Intervallform sei wesentlich wirksamer, wie auch die Auffassung, nur mit Training in Dauerform könne man Dauerhöchstleistungen erreichen, ist von vielen Trainern in den letzten zwei Jahrzehnten mit Nachdruck vertreten worden. Auch diese Frage ließ sich offenbar nicht durch Beobachtungen an einzelnen oder mehreren Spitzensportlern klären. Naturwissenschaftliche Experimente sind auch zur Klärung dieser Frage erforderlich. – Eine gleiche Trainingsquantität kann in Intervall- oder Dauerform geleistet werden. Ergeben sich hierbei Unterschiede im Leistungszuwachs? Versuche mit annähernd gleichen Gruppen und eineiigen Zwillingen ergaben keine nachweisbaren Unterschiede (Abb. 37). Nach 3 und 6 Wochen war sowohl der Zuwachs der Leistung und die Zunahme der O_2-Kapazität gleich. Auch vergleichende Versuche von Roskamm, Clasing (1967) an großen annähernd gleichen Gruppen mit Dauertraining und verschiedenen Formen von Intervalltraining ergaben keine sicheren Unterschiede des Leistungszuwachses unter der Voraussetzung annähernd gleicher Trainingsquantität.
Dennoch haben Training in Dauer- und Intervalldauerform sicher qualitativ etwas unterschiedliche Wirkungen auf den Organismus. Hierdurch wird jedoch nicht ausgeschlossen, daß mit verschiedenen Trainingsmitteln und Trainingswirkungen bei gleicher Trainingsarbeit ein gleicher Leistungszuwachs erreicht wird. Es wird z. Zt. angenommen, daß weder allein mit der einen noch der anderen Methode die höchste Dauerleistung erreicht werden kann. Beide Methoden scheinen sich zu ergänzen. Sie sind in optimaler Kombination anzuwenden (Nett, 1960).

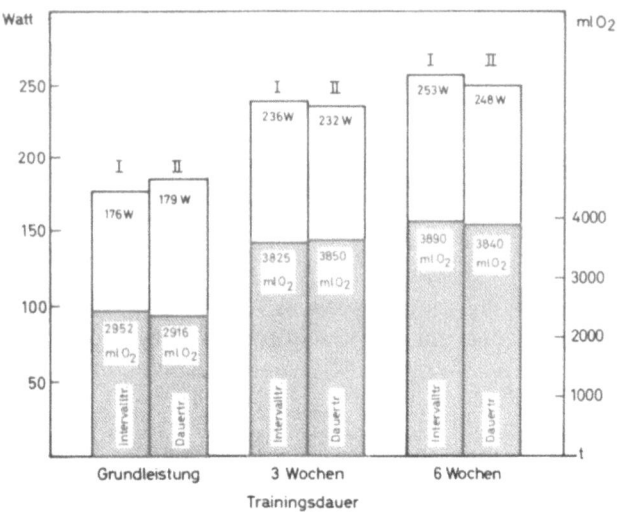

Abb. 37. Leistungszuwachs bei einer 10-min-Maximalleistung auf dem Fußkurbelergometer und Zunahme der O_2-Kapazität nach 3 und 6 Wochen Training in Intervall- und Dauerform bei gleicher Trainingsarbeit von eineiigen Zwillingen (Mellerowicz, 1967)

4.7 Der Leistungszuwachs bei gleicher Trainingsquantität und unterschiedlichem Trainingszustand

Trainieren ein Hochtrainierter und ein Untrainierter mit gleicher Trainingsquantität, so erfolgt bei dem Untrainierten eine große Leistungssteigerung, bei dem Hochtrainierten eine kleine Leistungssteigerung. Dies entspricht allgemeinen Trainingserfahrungen und Untersuchungsergebnissen von Hettinger, E. A. Müller, 1961.
Generell kann formuliert werden:
Der Leistungszuwachs ist bei gleichem Trainingsmaß umgekehrt proportional zum Trainingszustand.
Infolgedessen kann der Untrainierte mit einem kleinen Trainingsmaß einen großen Leistungszuwachs erreichen. Der Hochtrainierte braucht ein sehr großes Trainingsmaß, um noch eine kleine Leistungssteigerung zu erreichen. Hierdurch wird der scheinbare Widerspruch erklärt, daß Büromenschen schon mit 6 Minuten täglichem Training viel für ihre körperliche Fitness erreichen können, während hochtrainierte Dauerleister täglich Stunden trainieren müssen, um ihre Höchstleistung zu erreichen.

4.8 Der Schwellenwert des Trainings

Eine sehr geringe Trainingsintensität führt erfahrungsgemäß nicht zu einer erkennbaren und nachweisbaren Leistungssteigerung. Es muß offenbar ein bestimmter „Schwellenwert" der T-Leistung, der T-Dauer und der T-Häufigkeit überschritten werden, damit ein Leistungszuwachs erreicht wird.

Nach Untersuchungen von Hettinger, E. A. Müller (1961) liegt der Schwellenwert im Krafttraining von Untrainierten bei etwa 20–30% der Maximalkraft. Eigene Untersuchungen (mit Borsdorf, 1958 und Meller, 1970) mit ergometrischem Training an gleichen Gruppen und untrainierten eineiigen Zwillingen lassen für eine 3-Minuten-Maximalleistung und eine 6-Minuten-Maximalleistung ebenfalls einen Schwellenwert bei etwa 20–30% der Maximalleistung erkennen. Zur sicheren Erfassung dieses Schwellenwertes in Abhängigkeit vom Trainingszustand, von Konstitution, Alter und Geschlecht sind jedoch weitere Untersuchungen erforderlich.

Es kann angenommen werden, daß auch ein bestimmter Schwellenwert der T-Dauer überschritten werden muß, um eine nachweisbare Trainingswirkung zu erreichen. Im Krafttraining liegt dieser Schwellenwert bei Training mit maximaler Kraft bei Untrainierten unter 1 Sekunde (n. Hettinger, E. A. Müller, 1961), über den Schwellenwert der T-Dauer im Mittel- und Dauerleistungstraining ist nichts Sicheres bekannt.

Auch eine minimale Häufigkeit des Trainings muß überschritten werden, um eine Leistungssteigerung erkennbar werden zu lassen. Hettinger, E. A. Müller fanden: ein einmaliges Krafttraining in 14 Tagen erbrachte noch keinen erkennbaren Kraftzuwachs. Bei einem Krafttraining pro Woche erfolgte jedoch bereits ein meßbarer Kraftzuwachs. Auch im Mittel- und Dauerleistungstraining scheint bereits ein einmaliges Training pro Woche einen kleinen Leistungszuwachs zu verursachen. Das zeigen Erfahrungen mit Trainingsgruppen, die nur einmal in der Woche trainieren.

4.9 Methoden zur Dosierung des Trainings

Die *optimale* Intensität, Dauer und Häufigkeit des Trainings sind bis heute nicht sicher definiert worden. Nach den derzeitigen Erfahrungen und Kenntnissen wird sehr wirksam trainiert mit:

- 60–100% der speziellen Maximalleistung (maximalen Intensität),
- einer Dauer von 1–3 Spezialleistungen, z. B. 1000 m-Läufen eines Mittelstreckenläufers.
  Je geringer die Trainingsleistung ist, um so mehr Wiederholungen sind anzuwenden.
- einer täglichen bzw.
  ein- bis zwei- bis dreimal täglichen Häufigkeit des Trainings.

Zur Bestimmung der Quantität des Trainings sind geeignet:

1. Die regelmäßig wiederholte Messung der *speziellen Maximalleistung* bzw. einer speziellen Testleistung. Es wird trainiert mit 60–100% dieser im Laufe des Trainings ansteigenden Leistung.

2. Die Messung der *Herzschlagfrequenz* (bzw. Pulsfrequenz).
Sie liegt bei Maximalleistungen von 20- bis 30-Jährigen zwischen 170–200/min.; für Ältere sind 5–10 HF pro Lebensdekade abzuziehen.

Dosierung des Trainings: leicht: HF 150–160/min.
                           mittel: HF 160–170/min.
                           hart: HF > 170–180 (bis 200)/min.

3. Die Bestimmung der PWC_{170}[1] (für 20- bis 30-Jährige) mit möglichst spezieller Leistung, z. B. Fußkurbelleistung, Laufband, Ruderergometer u. a.

Dosierung für Untrainierte: ca. 70% ± 10% der W_{170}
           für Ausdauertrainierte: ca. 80–100% der W_{170}
           für hochtrainierte Dauerleister: häufig > 100% der W_{170}

(Für Ältere sind pro Lebensdekade 5–10 Pulse von der HF 170 abzuziehen).

4. Die Messung der *maximalen O_2-Aufnahme* (V_{O_2max}) mit spezieller Leistung zur Dosierung des Trainings mit einer HF von 60–100% der V_{O_2max}.

5. Die Bestimmung der *maximalen Steady-state-Leistung* bzw. der maximalen Ergostase-Leistung mit Leistungsstufen von 6 Min. Dauer. Diese Methode ist zeitlich aufwendig und weniger genau.

6. Die ergo-spirometrische Bestimmung des *Steilanstieges des Atemzeitvolumens (AZV)* und des steilsten Anstieges des Atemäquivalents für O_2 (AEO_2) (entspricht annähernd der anaeroben Schwelle, nach Bachl).

---

[1] s. Kap. 12

7. Die Bestimmung der Leistungsstufe, in der ein Grenzwert des *RQ* von *1* erreicht wird. Zu trainieren ist mit 60–100% dieser Leistung.

8. Die *oxymetrische Bestimmung* der Leistungsstufe im Maximalbereich, in der ein Abfall der O_2-Sättigung erfolgt, n. Christensen u. Högberg, 1959; Bühlmann et al., 1955; u.a. Training mit 60–100% dieser Leistungsstufe.

9. Die Messung der *Laktatkonzentration* im Blutserum in ansteigenden Leistungsstufen zur Bestimmung der *aeroben* und *anaeroben Schwelle* (s. Abb. 8). Training mit 60–80%, wirksamer mit 80–100% der speziellen Leistung an der anaeroben Schwelle.

10. Mittels *Blutgasanalyse:* Bestimmung der Leistungsstufe, in der pH, Basen-Exzess, PO_2 und P_{CO_2} einen maximalen Grenzbereich erreichen. Trainingsdosierung: mit 60–100% dieser Leistungsstufe.

Methoden 1–8 sind nichtinvasive, unblutige, 9–10 sind invasive Methoden, die mittels Blutentnahme am hyperämisierten Ohrläppchen ausführbar sind.
Durch Anwendung sehr wirksamer Trainingsmethoden kann der Untrainierte in Abhängigkeit von endogenen und exogenen Faktoren

die muskuläre Kraft um	100% und
seine Ausdauerleistungen um	30–40%

steigern.

Fragen zur Quantität des Trainings

Einige Fragen betr. Trainingsquantität und Leistungszuwachs sind noch weitgehend ungeklärt. Es gibt hierzu verschiedene Erfahrungen und weit divergierende Meinungen, jedoch keine experimentellen Beweise.

1. *Wie ist die Trainingsquantität zu steigern?*
    a) linear? (Abb. 38 a)
    b) stufenförmig? (Abb. 38 b)
    c) parabolisch? (Abb. 38 c)

Nach Harre, 1970 lassen Trainingsanalysen erkennen, daß eine lineare Steigerung der Belastung nicht so wirkungsvoll ist wie ein sprunghaftes Ansteigen in bestimmten Zeitabständen.

d) Sind T-Leistung, T-Dauer und T-Häufigkeit in gleichem Maße (proportional) oder verschieden zu steigern?

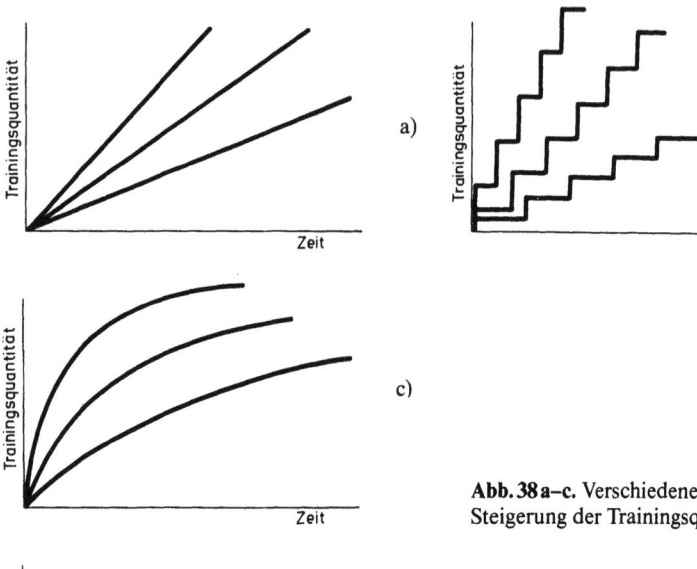

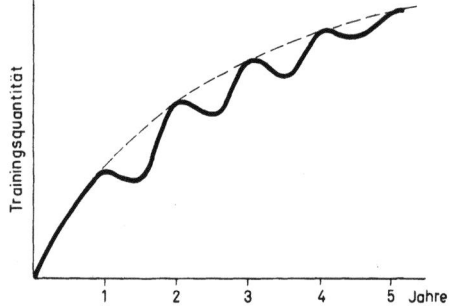

Abb. 38 a–c. Verschiedene Formen der Steigerung der Trainingsquantität

Abb. 39. Schematisches Beispiel der Jahresperiodik der Trainingsquantität bei parabolischer Steigerung über mehrere Jahre (z. B. Skilanglauf)

2. *Ist bei langsamer oder schneller Steigerung der T-Quantität die Stabilität des Trainingszustandes unterschiedlich?*
3. *Welches ist die optimale Trainingsquantität (optimale T-Leistung, T-Dauer, T-Häufigkeit) im Kurz-, Mittel- und Dauerleistungstraining?*
   Siehe hierzu die Ausführungen in den Kapiteln 5, 6, 7.
4. *Wie groß ist die erforderliche Erhaltungsquantität des Trainings* (T-Leistung, T-Dauer, T-Häufigkeit) für den
   a) mäßig Trainierten?
   b) mittel Trainierten?
   c) hoch Trainierten?
5. *Welches ist die optimale Verteilung der Trainingsquantität im Wochen- und Jahresrhythmus und über einen Zeitraum von mehreren Jahren (Periodisierung)* (Abb. 39).

5 Prinzipien des Dauerleistungstrainings

5.1 Dauerleistungen

Sie werden mehr oder weniger dominierend von der *aeroben Kapazität* bestimmt, d. h. von der höchsten O_2-Aufnahmeleistung des Körpers: Es sind Leistungen von mehr als $\approx$ 6 Minuten Dauer. Hierzu gehören:

Langstreckenlauf	($>$ 2 000–3 000 m)
Schwimmen	($>$ 500 m)
Rudern	(2 000 m)
Radrennen	(Straßenfahren, Steherrennen u. a.)
Skilanglauf	($>$ 5 000 m)
Eisschnellauf	($>$ 5 000 m)
Spiele	Fußball, Handball, Basketball, Hockey, Wasserball u. a.

Für Menschen in mäßigem Trainings- bzw. Leistungszustand gelten entsprechend kürzere Strecken.

5.2 Qualitative Zusammensetzung des Trainings

Jede sportliche Leistung wird durch zahlreiche bedingende Faktoren bestimmt. Entsprechend ihrem quantitativen Anteil an einer Leistung werden *Haupt-* und *Nebenkomponenten* des Trainings unterschieden.

5.2.1 Hauptkomponente

Die Hauptkomponente jeder Dauerleistung ist die *aerobe Kapazität*. Ihr meßbarer Ausdruck ist die maximale O_2-Aufnahme pro Minute unter definierten Leistungsumsatzbedingungen. Sie ist im wesentlichen abhängig von der Leistungsbreite des kardio-pulmonalen Systems, der O_2-Transportkapazität des Blutes, der oxydativen Kapazität der Skelettmuskulatur u. a. Allgemein kann gesagt werden: je länger eine Leistung dauert, um so mehr überwiegt der Anteil der aeroben

Kapazität. Der größte Anteil der für Dauerleistungen notwendigen Energie wird durch Oxydation von Glukose und Fettsäuren, die in der Skelettmuskulatur (als Glykogen bzw. Neutralfett) und in der Leber gespeichert sind, gewonnen. Die höchste Dauerleistung wird wesentlich von der Menge an O_2 bestimmt, die pro Zeiteinheit maximal in der Muskelfaser für Oxydationsprozesse zur Verfügung steht. Das gilt bei Trainierten für Leistungen bis zu etwa 1 Stunde Dauer. Bei sehr langen Dauerleistungen (> 1 h) ist der O_2-Bedarf in der Zeiteinheit wegen der geringeren (z. B. Lauf-) Geschwindigkeit kleiner. Unter der Voraussetzung einer hohen aeroben Kapazität ist hier die Größe der Energievorräte an Glykogen und Fetten der wesentliche leistungsbestimmende und -begrenzende Faktor.

5.2.2 Nebenkomponenten

Nebenkomponenten von Dauerleistungen können in Abhängigkeit von Sportart und Disziplin sein: Anaerobe Kapazität („Ohne-Sauerstoffleistung"), Kraft, Schnelligkeit, senso-motorische Koordination, Technik u. a.
Sie sind entsprechend ihrem quantitativen Anteil an der jeweiligen Dauerleistung zu trainieren.
Für den Langstreckenlauf gelten z. B. hinsichtlich des Verhältnisses von aerober zu anaerober Kapazität folgende Werte:

3 000 m: ca.   3 : 1
5 000 m: ca.   5 : 1
10 000 m: ca. 10 : 1

In anderen Sportarten liegen bisher keine ähnlichen, auf Untersuchungsergebnissen basierende Zahlenangaben vor, z. B. über die Relation von Ausdauer und Kraft beim Rudern oder Schwimmen.

5.2.3 Trainingsmethoden

a) *Training der aeroben Kapazität.* Sie kann in Dauer- oder Intervallform trainiert werden. Bei der *Dauerform* bleibt die Leistung (z. B. die Laufgeschwindigkeit) gleich oder annähernd gleich. Das Training dauert mindestens 6 Minuten bis Stunden, in Abhängigkeit von der Art der Dauerleistung, für die trainiert wird. Beim Training in *Intervallform* dagegen wechseln Phasen größerer Leistung mit Phasen kleinerer Leistung ständig systematisch ab. Während der Leistungsphase

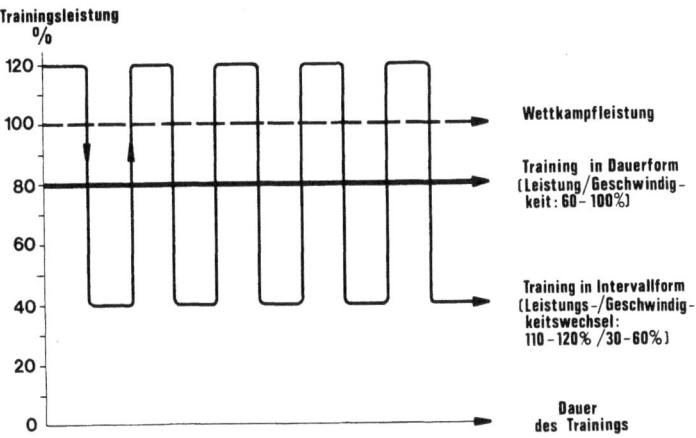

Abb. 40. Schematische, vergleichende Darstellung des Trainings in Dauer- und Intervallform

liegt die Dosierung im Intervalltraining zwischen $\approx$ 90–120%, in der Erholungsphase zwischen $\approx$ 30–60% der entsprechenden maximalen Dauerleistung. Die Dauer der Phasen mit größerer Leistung und der Erholungsphasen beträgt ca. 30 Sekunden bis 3 Minuten. Die Phasen kleinerer Leistung dürfen nicht zur völligen Erholung führen. Am Ende der Erholungsphase sollen Herzschlagfrequenzen von 130–110/min nicht unterschritten werden.

Training in Dauer- bzw. Intervallform gleicher Quantität bewirkt einen annähernd gleichen Leistungszuwachs (s. 4.6). Verschieden dagegen sind die Wirkungen in qualitativer Hinsicht.

Nach dem derzeitigen Stand der Kenntnisse und Erfahrungen sind absolute Höchstleistungen in Dauersportarten bzw. -disziplinen nicht allein durch Training in Dauer- oder Intervallform zu erreichen. Offenbar kommt es auf eine optimale Mischung dieser beiden Grundformen des Dauertrainings (neben weiteren in der Praxis angewandten Mischformen) an. Die Art und die Dauer der Wettkampfleistung spielen bei der Wahl der bevorzugten Trainingsformen eine wesentliche Rolle. Marathonlauf und Handballspiel z. B. erfordern unterschiedliche Trainingsformen der Dauerleistungsfähigkeit.

b) *Training der Nebenkomponenten.* Anaerobe Kapazität (s. Kap. 6), Kraft (s. Kap. 7).

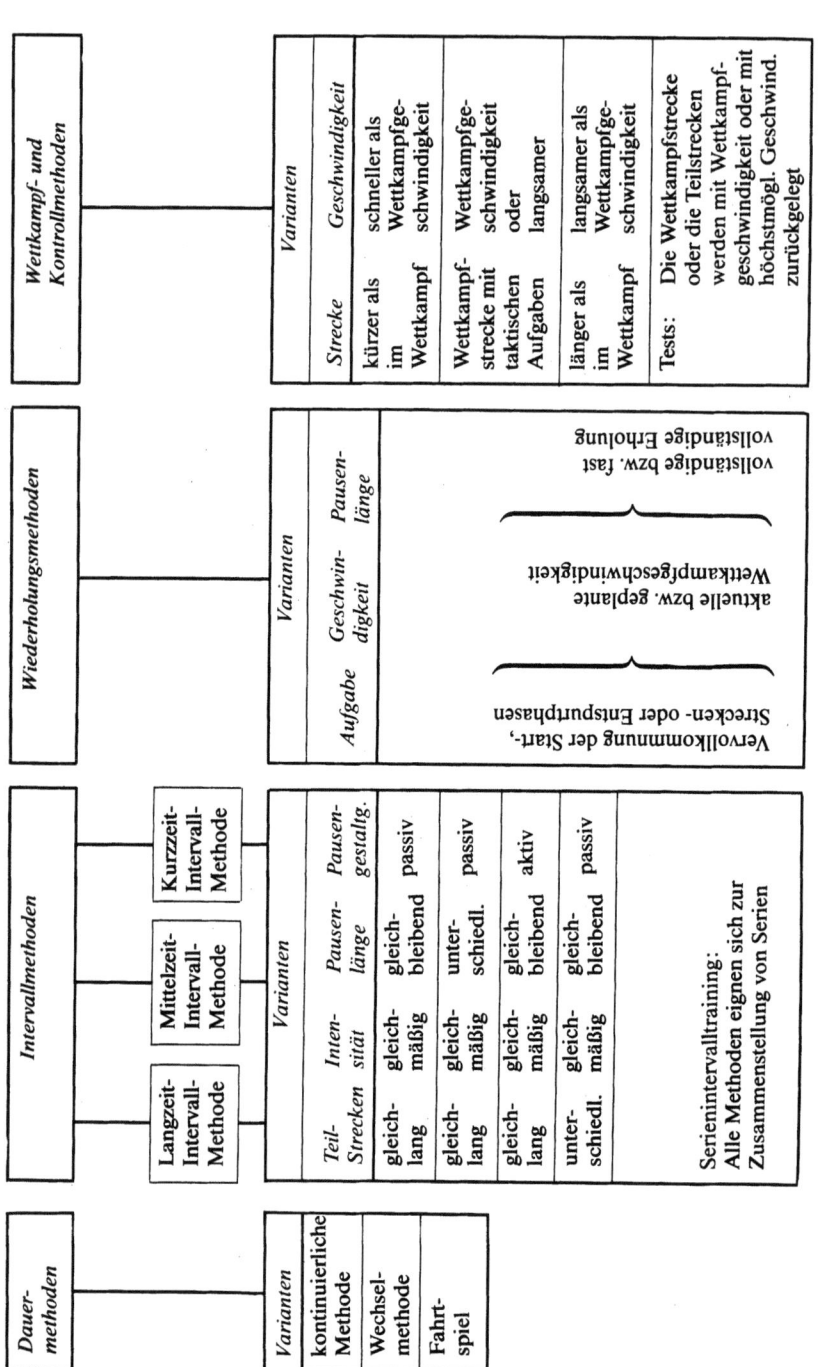

Abb. 41. Methoden im Ausdauertraining (nach Pfeifer und Harre, 1979)

5.3 Quantität des Trainings

5.3.1 Häufigkeit des Trainings

Zum Erreichen von Höchstleistungen in Dauersportarten bzw. -disziplinen ist tägliches Training erforderlich. Eine Aufteilung des Trainings in 2 oder mehr Tagesabschnitte scheint häufig einen zusätzlichen Trainingseffekt auszuüben.

5.3.2 Dauer des Trainings

Die optimale Trainingsdauer liegt nach den bisherigen Erfahrungen und Meinungen bei etwa 100–300% der Länge (in m, km) oder Dauer (in min., Std.) der speziellen Leistung (1–3 Leistungseinheiten). Hinzu kommt die Zeit für Aufwärmen sowie für das Training der Nebenkomponenten. Ob eine längere Trainingsdauer (wie z. B. z. Zt. beim Schwimmtraining praktiziert) einen zusätzlichen Trainingseffekt hat, ist bisher nicht erwiesen.

5.3.3 Intensität des Trainings

Die optimale Intensität im Training für Dauerleistungen liegt etwa zwischen 60 und 100%. Allgemein gilt – nach Untersuchungsergebnissen (s. 4.4) –: je höher die Intensität, um so größer ist die Trainingswirkung, um so kleiner kann die Dauer bzw. die Streckenlänge (in m, km) sein.
Durch langes Training (Std., km) mit geringer Leistung (Intensität) um ca. 60% können Höchstleistungen nicht erreicht werden. Es bewirkt wahrscheinlich vorwiegend eine Zunahme der Energievorräte der Skelettmuskulatur, der Leber u. a. Hierdurch kann die Trainingsquantitäts-Toleranz für Dauer- und Mittelleistungen vergrößert werden.
Für Dauerleistungen ist die T-Leistung von größerer Bedeutung als die T-Dauer. Es kommt weniger auf die im Training zurückgelegte Strecke an (z. B. für Läufer, Schwimmer, Radfahrer u. a.). Die gleiche Trainingsgesetzmäßigkeit kann auch für Mittelleistungen (von 6–1 Minute Dauer) und Kurzleistungen (<1 Minute Dauer) angenommen werden. Kurz-, Mittel- und Dauerleister, die häufig und lange mit geringer Intensität trainieren, brauchen viel Zeit bei geringerem Wirkungsgrad des Trainings und erreichen nicht den höchstmöglichen Leistungszuwachs.

6 Prinzipien des Mittelleistungstrainings

6.1 Mittelleistungen

Sie werden mehr oder weniger überwiegend von der *anaeroben Kapazität* bzw. dem Vermögen, eine große O_2-Schuld eingehen zu können, bestimmt. Es sind Leistungen von $\approx$ 1–6 Minuten Dauer. Hierzu sind zu rechnen:

Mittelstreckenlauf	(800–1 500 m)
Schwimmen	(200–800 m)
Rudern	(1 000 und 1 500 m, Jugend und Frauen)
Kanu	(500 und 1 000 m)
Radrennen	(1 000–5 000 m)
Eisschnellauf	(1 000–3 000 m)
Eiskunstlauf	
Skilauf	(Abfahrtslauf und Riesenslalom)

6.2 Qualitative Zusammensetzung des Trainings

Die *Hauptkomponente* ist das Training der *anaeroben Kapazität*. Sie ist überwiegend zu trainieren.
Die für Mittelleistungen (s. Abb. 32) erforderliche Energie wird in Abhängigkeit von Größe und Dauer der Leistung überwiegend bzw. zum großen Teil durch anaerobe biochemische Prozesse in den Muskelfasern gewonnen. In den ersten Sekunden muskulärer Leistungen werden aus energiereichen Phosphaten ATP (Adenosintriphosphat) und KP (Kreatinphosphat) anaerob Phosphatreste (PO_4) gespalten, zur Gewinnung biochemischer Energie und ihrer Umwandlung in mechanische Energie (alaktazide anaerobe Energiebildung). Hiernach setzt eine anaerobe Energiebildung durch Glykolyse, Spaltung von Glucose in Milchsäure, ein ($C_6H_{12}O_6 \rightarrow 2\,C_3H_6O_3$; laktazide anaerobe Energiebildung). Die anaerobe Energiebildung ist für die Anfangsphase jeder körperlichen Leistung und ganz überwiegend bzw. für große Teile jeder Mittelleistung erforderlich, weil die aerobe (oxydative) Energiebil-

dung (mit O_2) aus Lactat und Fettsäuren eine Anlaufzeit von ca. 1–3 Minuten benötigt.

Als *Nebenkomponenten* sind zu trainieren: aerobe Kapazität, Kraft, Schnelligkeit, motorische Koordination u. a. Sie haben eine unterschiedliche Bedeutung für die verschiedenen Mittelleistungen und müssen entsprechend ihrem jeweiligen quantitativen Anteil trainiert werden.

Für den Mittelstreckenlauf bestehen z. B. folgende Relationen zwischen anaerober und aerober Energiebildung:

800 m (ca. 2 Min.) ca. 2:1
1 500 m (ca. 4 Min.) ca. 1:1

6.3 Trainingsmethoden

a) *Training der anaeroben Kapazität.* Das Training der anaeroben Kapazität erfolgt im allgemeinen nach dem *Wiederholungsprinzip*. Bei den einzelnen Wiederholungen muß eine mehr oder weniger große Sauerstoffschuld durch entsprechend hohe Leistung eingegangen werden. Die Pausen müssen zur völligen oder fast völligen Erholung führen.

Die Dauer der Leistungsphasen muß etwa zwischen 30 sec und 3 min liegen. Sie hängt ab von der Dauer und der Länge der Wettkampfstrecke, von der Bewegungsintensität, der Anzahl der Wiederholungen und der Pausenlänge. Je länger die Leistungsphase (der Trainingsreiz) dauert und je höher die Intensität z. B. ist, um so geringer muß die Zahl der Wiederholungen sein. Eine einzige Mittelleistung im Training mit maximaler Intensität kann wahrscheinlich bereits einen annähernd maximalen Trainingseffekt bewirken.

b) *Training der Nebenkomponenten.* Aerobe Kapazität (s. Kap. 5), Kraft (s. Kap. 7).

6.4 Quantität des Trainings

6.4.1 Häufigkeit des Trainings

Zum Erreichen von Höchstleistungen ist tägliches Training erforderlich. 2 Trainingseinheiten pro Tag oder an einzelnen Trainingstagen mit unterschiedlicher schwerpunktmäßiger Zielsetzung (z. B. aerob/anaerob oder Kraft/anaerob) können möglicherweise die Trainingswirkung erhöhen.

6.4.2 Dauer des Trainings

Im allgemeinen liegt die optimale Trainingsdauer der Hauptkomponente bei etwa 1–3 Leistungseinheiten (1 Leistungseinheit = Länge bzw. Dauer der Wettkampfstrecke). Die Zeit für Aufwärmen sowie für das Training der Nebenkomponenten (aerobe Kapazität u. a.) muß hinzugerechnet werden.

6.4.3 Intensität des Trainings

Die optimale Intensität für anaerobes Training liegt etwa zwischen 80–100%. Allgemein gilt der Grundsatz: je höher die Intensität, um so größer die Trainingswirkung (s. 4.3 u. 4.4).

7 Prinzipien des Krafttrainings
(mit H. Stoboy)

7.1 Physiologische Grundlagen

Die vom Muskel entwickelte Kraft hängt von der Zahl sich gleichzeitig kontrahierender motorischer Einheiten[1] und von der Häufigkeit der Kontraktionen einer motorischen Einheit in der Zeiteinheit ab. Bei einer willkürlichen Innervation eines Muskels werden niemals, auch nicht bei größter Anstrengung, alle motorischen Einheiten auf einmal kontrahiert. Je nach Stärke der Innervation wechseln sie sich mehr oder weniger in ihrer Kontraktion ab. Der willkürlich innervierte Muskel entwickelt also niemals seine „absolute Muskelkraft", sondern nur seine „Maximalkraft". Sie beträgt bei Untrainierten etwa 4–6,5 kp pro 1 cm^2 Muskelquerschnitt. Die Kraft eines Muskels scheint auch von der Größe seines Querschnitts abzuhängen. Da während des Trainings durch Faserverdickung der Muskelquerschnitt vergrößert werden kann, nimmt die Gesamtkraft des Muskels zu, wobei die Maximalkraft bezogen auf den cm^2 Querschnitt zunehmen kann. Voraussetzung dafür ist allerdings, daß eine Zunahme des Muskelfaserquerschnitts (Hypertrophie) durch trainingsbedingte Einlagerung kontraktionsfähiger Eiweißkörper erfolgt. Ist die Vergrößerung des Faserquerschnitts durch Einlagerung anderer nicht kontraktiler Substanzen bedingt, liegt eine Pseudohypertrophie vor.

Nach Ikai und Fukunaga nimmt bei Training die Kraft unproportional mehr zu als der Muskelfaserquerschnitt. Bei Trainierten kann die maximale Kraft ≈ 10 kp/cm^2 Muskelquerschnitt erreichen. Die Aussage wird belegt durch den Anstieg der Kraftkurve in Abb. 42. Penman konnte im Elektronenmikroskop feststellen, daß bei Muskelkrafttraining die Konzentration der kontraktilen Proteine im Muskelfaserquerschnitt zunimmt, d. h. daß die Möglichkeit der Kraftentwicklung größer wird als es dem Querschnitt entspricht. Nach Bührle und Schmidtbleicher, 1983 kann auch ein erheblicher Zuwachs der Kraft durch Verbesserung der intramuskulären Koordination ohne wesentliche Zunahme des Muskelfaserquerschnitts erreicht werden.

---

[1] Motorische Einheit: zahlreiche Muskelfasern, die ihre Impulse von einer motorischen Nervenzelle erhalten und stets zusammenarbeiten

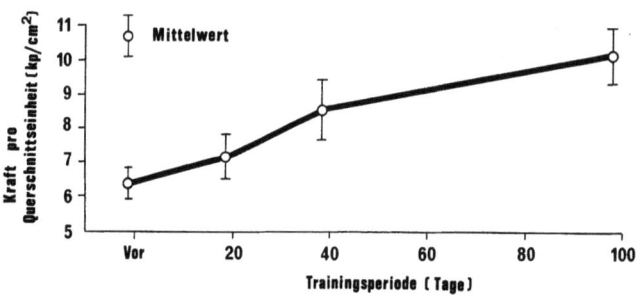

Abb. 42. Kraft pro Muskelquerschnitt des trainierten rechten Armbeugers während einer 100tägigen Trainingsperiode (modifiziert nach Ikai und Fukunaga, 1970)

Nach den bisher vorliegenden Befunden ist der auslösende Reiz für eine Dickenzunahme der Muskelfasern das Entstehen einer möglichst großen Spannung im Muskel. Die größte willkürliche Spannungsentwicklung erreicht man mit maximalen statischen[1] (isometrischen) Kontraktionen. Bei dynamischen Kontraktionen kann eine gleichgroße Spannungsentwicklung bei entsprechend großen Gewichten nur für eine ganz kurze Dauer während des Bewegungsablaufes erreicht werden. Daraus ergibt sich bezüglich der reinen Kraftentwicklung, daß bei dynamischen Übungen Wiederholungen notwendig sind, damit die Summe maximaler Spannungsentwicklung annähernd gleich der Dauer der Spannungsentwicklung bei einer kurzdauernden statischen Kontraktion wird. Dynamisches Krafttraining hat den Vorteil, daß gleichzeitig eine bestimmte Koordination (Bewegungsablauf) geübt wird, die im Einzelfall sportart-spezifisch gestaltet werden kann. Bei dynamisch-exzentrischen Kontraktionen wird der kontrahierte Muskel durch eine von außen einwirkende Kraft gedehnt. Diese Dehnung bewirkt zusätzlich eine passive Spannungsentwicklung im elastischen Anteil des Muskels. Deshalb ist die insgesamt erzeugte Spannung am größten (Abb. 43). Durch die große Spannungsentwicklung besteht allerdings die Gefahr des Entstehens eines Muskelkaters, bzw. sogar von Muskel- und Sehnenverletzungen (Talag, 1973; Viitasalo et al., 1982).

Bei der Muskelerregung treten elektrische Spannungsschwankungen auf, die man verstärken und registrieren kann (Elektromyogramm, EMG). Die Größe und Frequenz dieser „Muskelaktionspotentiale"

---

[1] Statisches Training: Training durch Vermehrung der Spannung ohne Verkürzung des Muskels

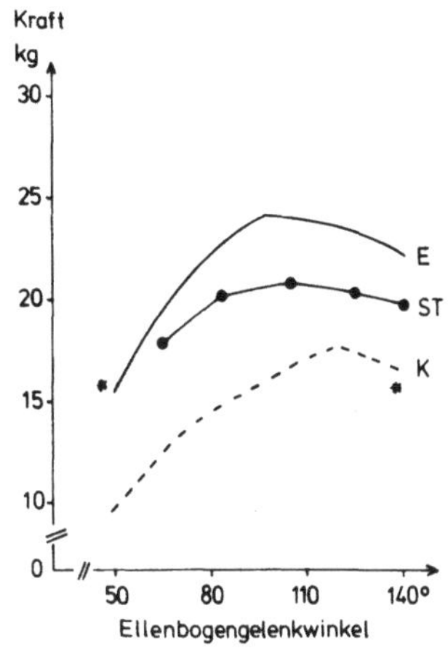

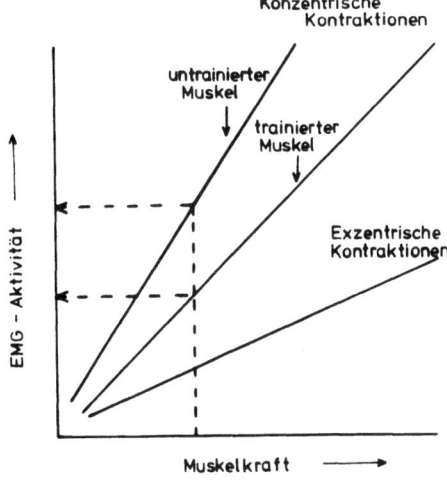

Abb. 43. Größe der Kraft bei exzentrischen, statischen und konzentrischen Kontraktionen in Abhängigkeit vom Ellenbogengelenkwinkel (aus Knuttgen, 1980)

Abb. 44. Abhängigkeit der EMG-Aktivität von der Muskelkraft bei dynamisch-exzentrischen Kontraktionen (untrainiert) sowie beim trainierten und untrainierten Muskel (nach Bigland-Ritchie et al. 1973 und Komi, 1975)

sind von der Kraft der Kontraktion abhängig und nehmen mit steigender Kraft zu (Abb. 44). Während eines Krafttrainings vermindert sich diese „elektrische Aktivität" des Muskels als Zeichen einer Ökonomisierung der Kontraktion. Deshalb ist die elektrische Aktivität des trainierten Muskels bei gleicher submaximaler Kraft kleiner als die des untrainierten (Abb. 44). Diese Kurve verläuft bei dynamisch-exzentrischen Kontraktionen wesentlich flacher, da bei gleicher Kraft (Span-

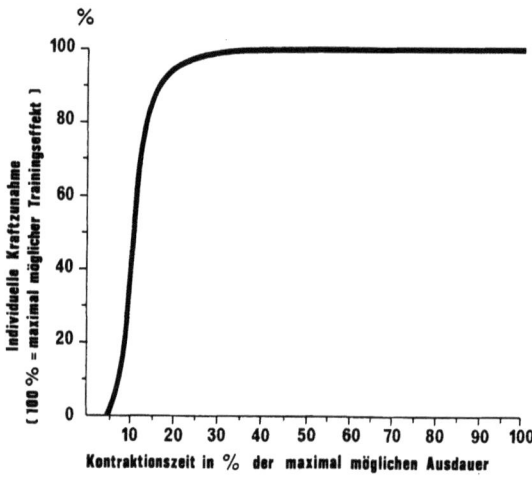

Abb. 45. Kraftzunahme in Abhängigkeit von der Kontraktionsdauer im Training. Isometrisches Krafttraining an Untrainierten (nach Hettinger und Müller, 1961)

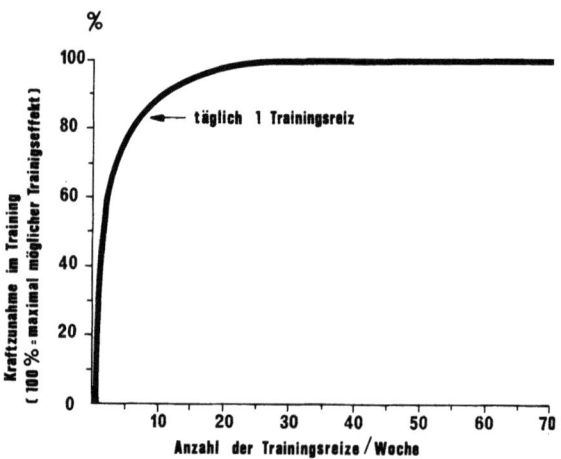

Abb. 46. Kraftzunahme in Abhängigkeit von der Trainingshäufigkeit. Isometrisches Krafttraining an Untrainierten (modifiziert nach Hollmann und Hettinger, 1976)

nungsentwicklung) ein erheblicher Anteil durch die Dehnung des Muskels erzeugt wird (Abb. 44).

Der Krafttrainingsreiz muß einen bestimmten Schwellenwert überschreiten. Die gesetzmäßigen Beziehungen zwischen der Trainingsquantität im Krafttraining und dem Kraftzuwachs sind u. a. systematisch von Hettinger und Müller, 1961 an Untrainierten untersucht worden (Abb. 45, 46). Da die Kraftzunahme exponentiell erfolgt, ergibt dieser Trainingsreiz bei Krafttrainierten mit einer großen Ausgangskraft nur noch einen geringen Kraftzuwachs.

7.2 Formen des Krafttrainings

Man unterscheidet zwei Grundformen der Muskelkontraktion und des Krafttrainings.

7.2.1 Statisches (isometrisches) Krafttraining

Die Länge des Muskels bleibt bei der Kontraktion unverändert. Die Kontraktion des Muskels (Muskelgruppe) erfolgt gegen einen festen, unbeweglichen Widerstand (z. B. Reck, Türrahmen, Sprungseil u. a.).

7.2.2 Dynamisches Krafttraining

Der kontrahierte Muskel verkürzt oder verlängert sich gegen einen beweglichen Widerstand (z. B. Medizinball, Sandsack, Hantel u. a.), so daß ein Weg zurückgelegt wird. Dynamische Kontraktionen können in konzentrische und exzentrische unterteilt werden.

a) *Konzentrische Kontraktionen.* Bewegung eines Gegenstandes durch einen sich verkürzenden Muskel (z. B. Heben eines Gewichtes, Kniestreckung).

b) *Exzentrische Kontraktionen.* Dehnung eines kontrahierten Muskels durch eine an ihn angreifende Kraft (Last), z. B. Absetzen eines Gewichtes, Kniebeugung.

c) *Exzentrisch-konzentrische Kontraktionen:* Ausnutzung der passiven Dehnung des exzentrisch kontrahierten Muskels bei anschließender konzentrischer Kontraktion (Tiefsprung-Strecksprung).

d) *Isokinetische Kontraktionen.* Während des Bewegungsablaufes bleibt die Bewegungsgeschwindigkeit konstant.

7.3 Trainingswirkungen

Beide Grundformen des Krafttrainings steigern die Muskelkraft in Abhängigkeit von der beim Training erreichten Muskelspannung. Eine große Spannung ergibt auch einen großen Kraftzuwachs. Die

Dauer der Spannung beeinflußt anscheinend ebenfalls Art und Größe des Kraftzuwachses. Die genauen Beziehungen zwischen Größe und Dauer der Muskelspannung und ihrem Einfluß auf die Kraftzunahme sind bisher nicht eindeutig geklärt. Man unterscheidet zwei Grundarten der Kraft:
a) Statische Kraft
b) Dynamische Kraft

Statisches und dynamisches Krafttraining haben unterschiedliche Wirkungen auf die Art der Kraft:
Statisches Krafttraining führt in erster Linie zu einer Zunahme der statischen Kraft. Es wurde aber auch eine Zunahme der Bewegungsgeschwindigkeit beobachtet (Ikai, 1970). Dynamisches Krafttraining verbessert vorwiegend die dynamische Kraft und den Bewegungsablauf (Koordination); die Kontraktion der agonistischen Muskeln wird gefördert, die der antagonistischen gehemmt. Spezielles Krafttraining hat also spezifische Wirkungen.

Das Nervensystem und die Art der Innervation haben unterschiedliche Wirkungen auf die Funktion des trainierten Muskels (Abb. 47): Ausprägung von phasischen (FT-Fasern) und tonischen (ST-Fasern) motorischen Einheiten bzw. Koordination (Thorstensson, 1976; Bergh, 1978 und Howald, 1982).

Nach Untersuchungen von Komi nimmt die Muskelkraft bei exzentrischem Training stärker zu als bei konzentrischem Training (s. 7.1).

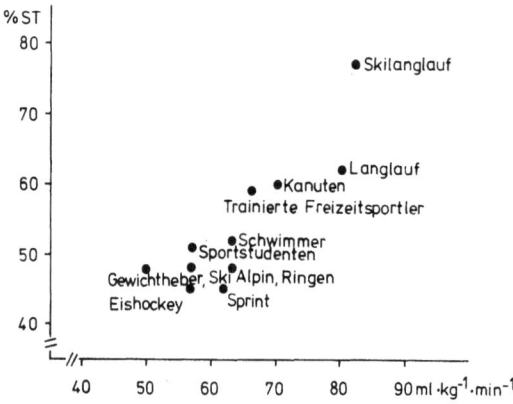

Abb. 47. Beziehung zwischen Anteil der ST-Fasern *(Ordinate)* und der relativen maximalen Sauerstoffaufnahme *(Abszisse)* bei verschiedenen Sportarten (modifiziert nach Bergh, 1978)

Das isokinetische Training hat offenbar technisch-apparative Vorteile. Es ist nach bisherigen Untersuchungen nicht wirkungsvoller als ein konventionelles dynamisch-konzentrisches Training (Stoboy, 1982).

7.4 Bedingungen für eine optimale Trainingswirkung bei statischem Krafttraining

a) *Intensität des Trainingsreizes (Stärke der Muskelspannung).* Mit etwa 50–70% der maximalen Kraft wird hinsichtlich der reinen Kraftzunahme bereits die größte Wirkung erzielt (Hettinger). Im Hochleistungstraining und aus praktischen Gründen sollte das Training mit maximalen Kontraktionen durchgeführt werden (Stoboy).

b) *Dauer des Trainingsreizes (Kontraktionsdauer).* Die Dauer der Kontraktion soll mindestens 30% der maximal möglichen Kontraktionszeit (statische Ausdauer) betragen (Abb. 45). Die absolute Kontraktionszeit ist von der Größe der angewandten Kraft und vom Trainingszustand des Muskels abhängig. Für Training mit Maximalkraft beträgt diese nach Hettinger bzw. Stoboy 5–25 sec.

c) *Häufigkeit des Trainingsreizes.* Bei Untrainierten führt bereits eine einzige statische Kontraktion pro Tag zu einer erheblichen Kraftzunahme. Die optimale Zahl der Kontraktionen für eine Muskelgruppe liegt etwa bei 5 pro Tag (Josenhans, 1962). Der Unterschied im Kraftgewinn zwischen 1 und 5 Kontraktionen ist nur gering.

7.5 Dosierung bei dynamischem Krafttraining

Da in der Trainingspraxis ein getrenntes konzentrisches und exzentrisches Krafttraining im allgemeinen nicht durchführbar ist, beziehen sich die Angaben auf ein übliches gemischt konzentrisch-exzentrisches Training.

a) *Intensität des Trainingsreizes.* Um einen genügend großen Spannungsreiz für einen maximalen Kraftzuwachs auszuüben, ist ein Gewicht von 80–100% der Maximalkraft erforderlich. Im heutigen Krafttraining ist es allgemein üblich, diesen Bereich auszunutzen (Bührle, 1971).
Je kleiner das Gewicht ist, um so größer muß theoretisch die Zahl der Wiederholungen pro Zeiteinheit sein, um die gleiche physikalische Leistung zu erzielen. Offenbar führt ein Training mit großen Gewich-

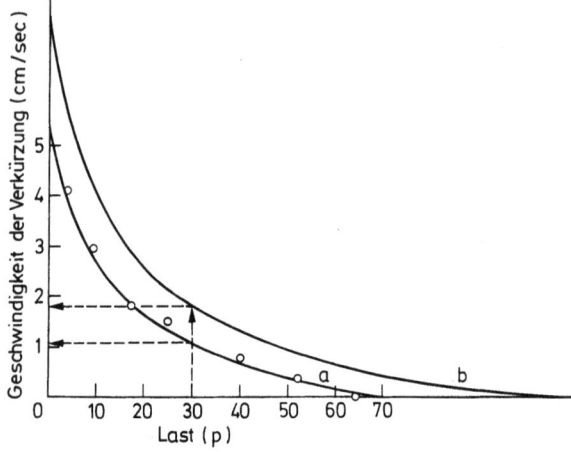

Abb. 48. Die Beziehung zwischen Lastgröße und Verkürzungsgeschwindigkeit (*a* nach Hill; *b* hypothetische Kurve bei vergrößerter Kraft). Die mit Pfeilen versehenen Linien weisen darauf hin, daß die Verkürzungsgeschwindigkeit bei gleicher Last, aber unterschiedlicher maximaler Muskelkraft verschieden groß sein kann (nach Stoboy, 1972). Experimentell konnte die hypothetische Verschiebung der Kurve von Ikai und Fukunaga für ein Training von 30 und 60% der maximalen statischen Kraft gesichert werden

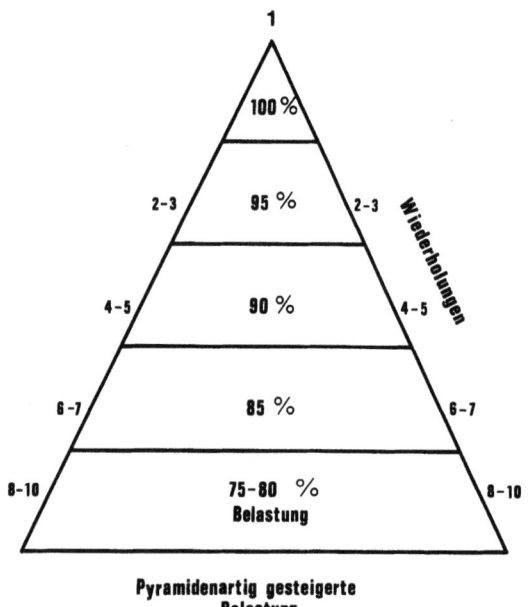

Abb. 49. Pyramidenartig gesteigerte Belastung im dynamischen Krafttraining (modifiziert nach Bührle, 1971)

ten und kleinen Wiederholungszahlen zu einer besonders großen Zunahme der Kraft und der Bewegungsgeschwindigkeit für große Lasten (Röcker et al., 1971; Ikai, 1970; Binkhorst et al., 1973).
Soll eine Zunahme der Kontraktionsgeschwindigkeit im gesamten Kraftbereich (0–100%) erzielt werden, so empfehlen sich nach Ikai dynamische Trainingsreize von 60% der maximalen statischen Kraft (Abb. 48).
Eine Abnahme der Kontraktionsgeschwindigkeit bei Training mit sehr kleinen Gewichten konnte nach Untersuchungen von Röcker et al., 1971 nachgewiesen werden.

b) *Zahl der Wiederholungen und Serien.* Die optimale Zahl der Spannungsreize liegt bei großen Kräften etwa zwischen 1–10. Je schwerer das Gewicht ist, um so kleiner ist die Zahl der Wiederholungen. In der Praxis wird z. B. das Training nach dem Pyramidensystem angewandt (Abb. 49). Hierbei wird in mehreren Serien die Wiederholungszahl bei zunehmendem Gewicht verringert. Anschließend wird das gleiche System absteigend praktiziert. Eine andere Möglichkeit besteht im Heben konstant großer Lasten (80–90% der maximalen Kraft) bis zur Erschöpfung.
Die optimale Serienzahl liegt nach dem derzeitigen Stand der praktischen Erfahrungen bei 3–6 pro Tag. Im Hochleistungstraining der Kraftsportarten werden gelegentlich bis zu 10 Serien durchgeführt. Die Pause zwischen den Serien muß so gestaltet werden, daß die Ruhe-HF annähernd erreicht wird. In der Regel beträgt die Pause 3–5 min. Über die optimale Dauer der Wiederholungen, Serien und Pausen ist z. Zt. nichts Sicheres bekannt.

c) *Trainingshäufigkeit.* Um einen maximalen Kraftzuwachs zu erreichen, sind nach dem derzeitigen Stand der Kenntnisse und Erfahrungen 3–6 Trainingseinheiten pro Woche (an verschiedenen Wochentagen) erforderlich. Zur Erhaltung der Maximalkraft scheint eine geringere Häufigkeit, als sie für den Erwerb dieser Kraft nötig ist, zu genügen.
Die optimale Qualität und Quantität des Krafttrainings ist abhängig von Konstitution, Alter und Geschlecht, von Trainingszustand, Trainingsziel, Trainingsperiode u. a. sowie von der Bedeutung des Faktors Kraft für die spezielle Leistung (Sportart, Disziplin).

8 Endogene bedingende Faktoren

8.1 Alter

Die absolute Trainierbarkeit im Jugendalter nimmt wahrscheinlich entsprechend der gesetzmäßigen Entwicklung der Leistungen (Abb. 50, 51, 52) und der O_2-Kapazität (Abb. 53) in annähernd parabolischer Kurvenform zu und erreicht ihr Maximum bei Männern zwischen dem $\approx$ 18.–22. und bei Frauen früher, zwischen dem $\approx$ 16.–20. Lebensjahr (Abb. 61). Nach Untersuchungen von Klissouras (1976) an 10–16-jährigen eineiigen Zwillingen und mit intra- und postpuberalen Jugendlichen von Hartmann (1977) ist die alte Hypothese der größeren Trainierbarkeit in den Phasen höherer Wachstumsintensität nicht haltbar. – Nach einigen Jahren höchster absoluter Trainierbarkeit erfolgt dann etwa nach dem 30. Lebensjahr ein gesetzmäßiger Altersabfall der Leistung und der Trainierbarkeit.

Für die relative Trainierbarkeit, die die Relation des in bestimmter Zeit erreichbaren Leistungszuwachses zur Grundleistung angibt, sind jedoch bisher sichere Altersunterschiede nicht definiert worden. Nach Untersuchungen von Kaucke verläuft die Trainierbarkeit der Kraft im Jugendalter der körperlichen Entwicklung annähernd parallel. Vergleichende Messungen der Trainierbarkeit für Dauerleistungen und der maximalen O_2-Aufnahme von jungen 20–30-jährigen und älteren 40–60-jährigen Männern ergaben keine signifikanten Unterschiede der relativen Trainierbarkeit (Lübs, 1974). Auch in höchstem Alter bleibt noch ein bestimmtes, immer kleiner werdendes Maß an Leistungsfähigkeit und wahrscheinlich auch entsprechender Trainierbarkeit erhalten.

Das Maximum der absoluten Trainierbarkeit und Leistungsfähigkeit für Kurzleistungen wird durchschnittlich in früherem Alter erreicht als das für Dauerleistungen. Das zeigen übereinstimmend, von einzelnen Ausnahmen abgesehen, die Siegerlisten der Olympischen Spiele.

Der Altersabfall der Leistungen kann erheblich durch altersgemäßes körperliches Training und gesunde Lebensführung beeinflußt werden. Training führt zu einer durch strukturelle und funktionelle Veränderungen bedingten Leistungssteigerungen der Muskulatur. Sie ist geeignet, der fortschreitenden muskulären Altersschwäche entgegenzuwirken.

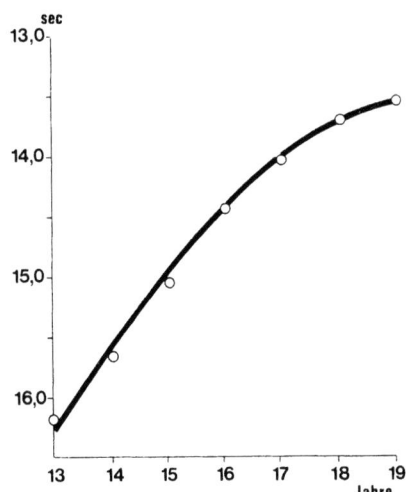

Abb. 50. Die Leistungsentwicklung von Kurzleistungen (100-m-Lauf) im Jugendalter (nach Bach, 1955)

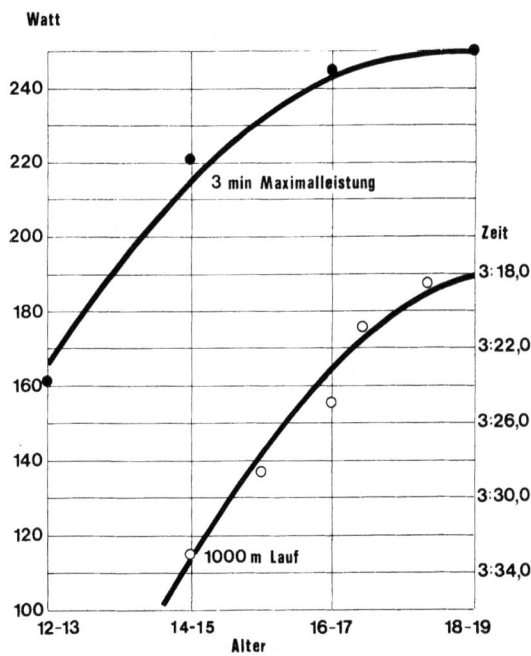

Abb. 51. Die Entwicklung von Mittelleistungen im Jugendalter (1000-m-Lauf u. 3-min-Maximalleistung am Ergometer). ●, nach Mellerowicz u. Lerche, 1959; ○, nach Stemmler, 1953

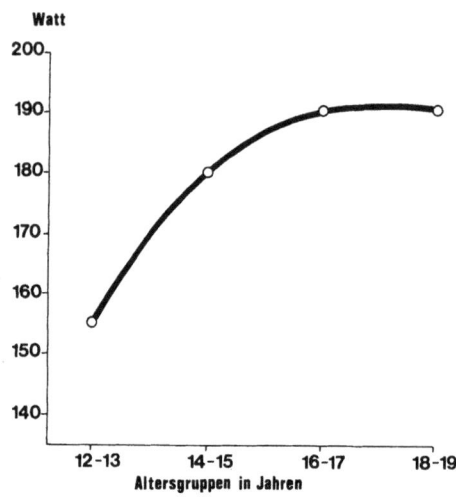

Abb. 52. Die Entwicklung der Dauerleistung (6-min-Maximalleistung am Ergometer) im Jugendalter (nach Mellerowicz u. Lerche, 1955)

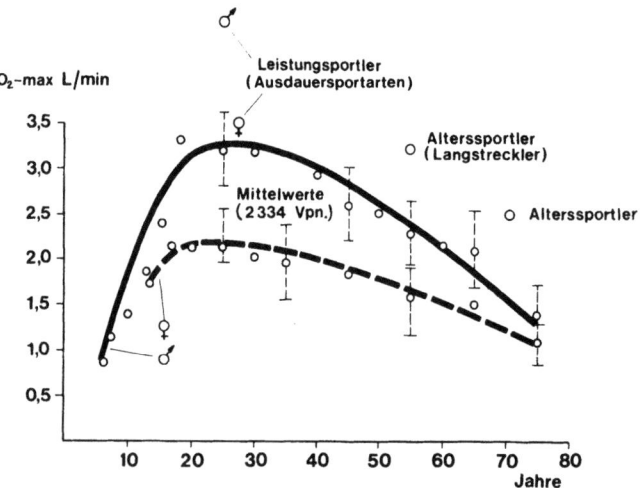

Abb. 53. Die O_2-Kapazität zwischen dem 10. und 70. Lebensjahr. 85% der Untersuchten trieben Sport. (—— Männer --- Frauen). Schematisiert nach Venrath u. Hollmann (1965)

Die durch Atrophie und Verkürzung des Band- und Muskelapparates der Gelenke entstehende Alterssteifigkeit kann durch zweckentsprechendes Training erheblich verzögert werden.
Die erhebliche Zunahme der Länge und Oberfläche der Capillaren trainierter Gewebe, die von zahlreichen Untersuchern gefunden wurde, ermöglicht eine höhere O_2-Ausnutzung des Blutes, die die fortschreitende Altershypoxie der Gewebe hemmt.
Adäquates Training in Dauerform bewirkt eine physiologische Dilatation und Hypertrophie, einfacher gesagt, ein allseitiges Wachstum des Herzens bei mindestens proportionaler Entwicklung des Coronar- und Capillarnetzes. Durch sie kann die kardiale Leistungsfähigkeit länger erhalten bleiben. Das zeigen Untersuchungen von 40–80-jährigen Sportsleuten, Turnern und Bergführern, die von der Knippingschen Klinik, von Jokl (1971) und in der Sportärztlichen Hauptberatungsstelle Berlin durchgeführt wurden. Doch ist dabei nicht zu übersehen, daß ein Selektionsprozeß mitwirkt.
Die biologisch allgemein ökonomisierende Wirkung von Dauerübungen führt zu einer Einsparung von Druck-, Volumen- und Beschleunigungsleistung des Herzens. Auch alte, trainierte Herzen können hierdurch, wie unsere eigenen Untersuchungen ergaben, täglich mehrere tausend mkp an Herzarbeit einsparen. Sie werden eine halbe bis eine Stunde stärker beansprucht, in den übrigen 23 Stunden des Tages aber in stärkerem Maße geschont. Training schont Herz und Kreislauf – so paradox das klingen mag. Mangel an Training führt zu einem Ökonomieverlust und größerer Beanspruchung des Herzens.
Deshalb sind Abnutzungs- und Aufbrauchsveränderungen, die Minderung der Wandelastizität und die Sklerosierung der großen Arterien bei alten trainierten Menschen weniger ausgeprägt. Der sehr viel geringere Altersanstieg der arteriellen Druckwerte (Abb. 15) und der Pulswellengeschwindigkeit bei regelmäßig Sport treibenden Menschen spricht hierfür (Abb. 54). Doch sind die Veränderungen sicher nicht allein trainingsbedingt. Menschen, die sich bis ins hohe Alter in Form halten, sind auch eine durchaus positiv zu bewertende Auslese. Bewiesen wird jedoch durch die vorliegenden Untersuchungsergebnisse, daß ihre arterielle Strombahn nach jahrzehntelangem Training durchschnittlich nicht so stark sklerosierte wie gewöhnlich.
Die ökonomisierende Wirkung von Training in Dauerform auf die Herzarbeit hilft auch dem alternden Herzen O_2 sparen und vergrößert die Coronarreserve. Auch die Ausbildung kollateraler Anastomosen wird nach Tierversuchen (Eckstein, 1957) sehr wahrscheinlich gefördert.

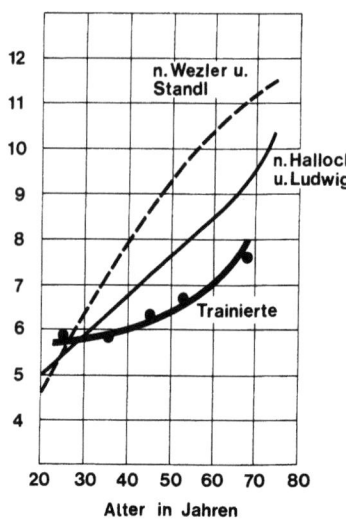

Abb. 54. Der Altersanstieg der Pulswellengeschwindigkeit bei Untrainierten und bei 200 Trainierten (nur Dauertraining) (nach Mellerowicz, 1956)

In der sportärztlichen Beratung spielt die Coronarinsuffizienz älterer Sporttreibender praktisch keine Rolle. Nur gelegentlich sind auch coronare Todesfälle bei sportlichen Beanspruchungen vorgekommen. Das ist nicht überraschend, da in ihrer Ätiologie ein ganzer Komplex conditionaler Faktoren eine Rolle spielt. Bemerkenswert ist dagegen, daß sie überaus selten sind.
Vorsichtig dosiertes Training hat auch vorzügliche rehabilitive Wirkungen auf den alternden, bereits geschädigten Kreislauf, weil es die Herzarbeit und Kreislaufregulationen ökonomisiert, die O_2-Ausnutzung des Blutes vergrößert und die coronaren Reserven sowie die kardialen Leistungsreserven wieder vergrößern kann.
Training hemmt die Atrophie und funktionelle Schwäche des alternden Atmungssystems. Die Leistungssteigerung der Atemmuskulatur, die Vergrößerung der Vitalkapazität, des maximalen Minutenvolumens und der maximalen O_2-Aufnahme (Abb. 53) sind auch von nicht geringer rehabilitiver Bedeutung.
Es ist sehr viel physiologischer und wirksamer, die alternden endokrinen Drüsen, besonders die NNR und den HVL, durch dosierte körperliche Aktivität anzuregen und zu trainieren als Hormone passiv zu verabreichen. Durch Training wird auch ihre Funktionstüchtigkeit und Adaptationsfähigkeit erhalten, durch Hormongaben dagegen Inaktivität und Altersatrophie sehr wahrscheinlich gefördert.

Gegen die häufige Fettheit des zivilisierten alternden Menschen ist neben diätetischen Maßnahmen dosiertes adäquates Training das erfolgversprechendste Mittel. Wirkungsvoll ist dabei weniger der Kalorienverbrauch, mehr das Training der auf Homöostase, Erhaltung des Stoffwechselgleichgewichtes, gerichteten Funktionen endokriner Drüsen und des vegetativen Systems.

Auch die regulative Potenz des vegetativen Systems kann trainiert und gesteigert werden. Durch Dauertraining wird zudem die ökonomisierende, parasympathicotone Einstellung des vegetativen Systems geför-

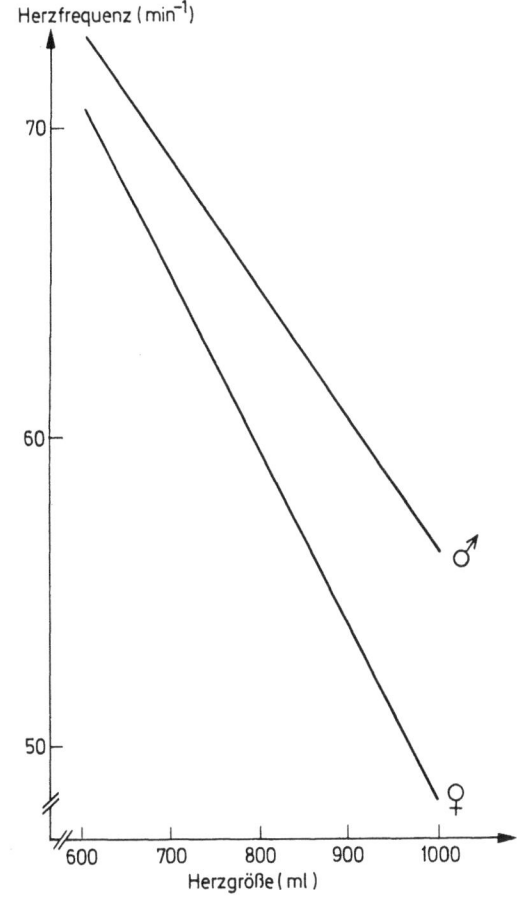

Abb. 55. Das Verhalten der Ruhe-Herzfrequenz mit zunehmender Sportherzbildung bei Männern und Frauen (nach Israel, 1975)

dert. Das wirkt sich günstig auf Erholungsfähigkeit, Schlaf und Verdauung des alternden Menschen aus. Eine Vagotonie fand sich angeboren oder erworben nach Untersuchungen von Bürger (1957) fast durchweg bei Menschen, die ein sehr hohes Alter erreichten.
Durch Training läßt sich die körperliche Leistungsfähigkeit – als wichtigstes meßbares Kriterium von Gesundheit und biologischem Alter – steigern, länger erhalten, und sie kann zur Wiederherstellung der Leistungsfähigkeit bei vielen Altersleiden beitragen.

8.2 Geschlecht

Eine Darstellung biologischer Grundlagen des Trainings und der Leistung von Frauen im Vergleich mit der von Männern (Abb. 59) zeigt

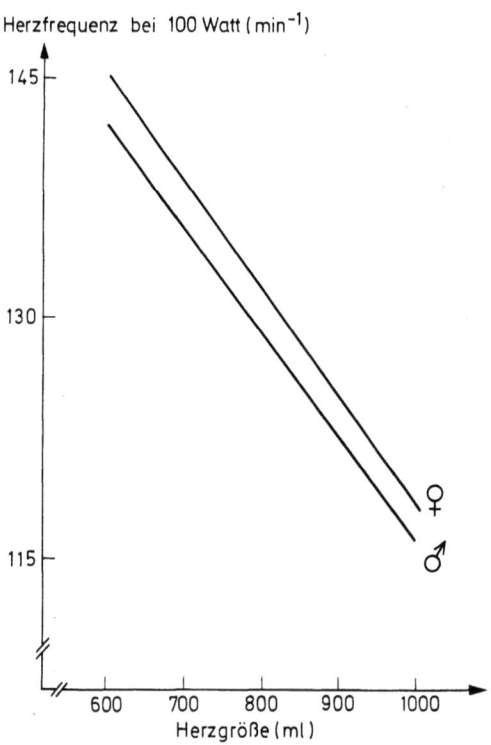

Abb. 56. Das Verhalten der Herzfrequenz bei submaximaler Belastung mit zunehmender Sportherzbildung bei Männern und Frauen (nach Israel, 1975)

die folgende schematische Darstellung von Bausenwein und Mellerowicz nach Untersuchungsergebnissen von Astrand, Bausenwein, Hettinger, Hollmann, Klaus, Kral, Mellerowicz, Nöcker, Reindell et al., Stoboy (Tabelle 5, Abb. 59, 60, 61).

Die optimale Trainingsquantität von Frauen ist hiernach in Kurz-, Mittel- und Dauerleistungen durchschnittlich mit ≈ 60–80% der von Männern anzunehmen. – Die absolute Trainierbarkeit ist erheblich kleiner als die von Männern, wahrscheinlich entsprechend den Leistungsunterschieden, also ≈ 10–30% geringer. Die relative Trainierbarkeit (in Relation zur Grundleistung) ist bei Frauen und Männern wahrscheinlich annähernd gleich oder nur wenig kleiner (Abb. 60).

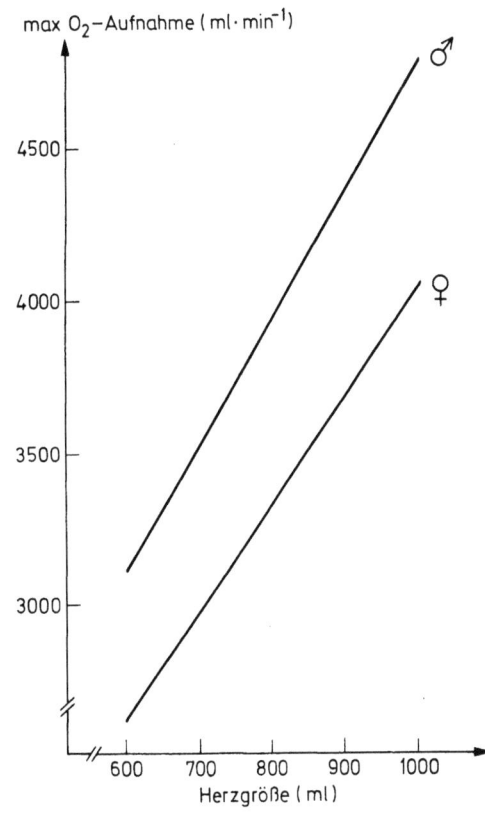

Abb. 57. Das Verhalten der maximalen Sauerstoffaufnahme mit zunehmender Sportherzbildung bei Männern und Frauen (nach Israel, 1975)

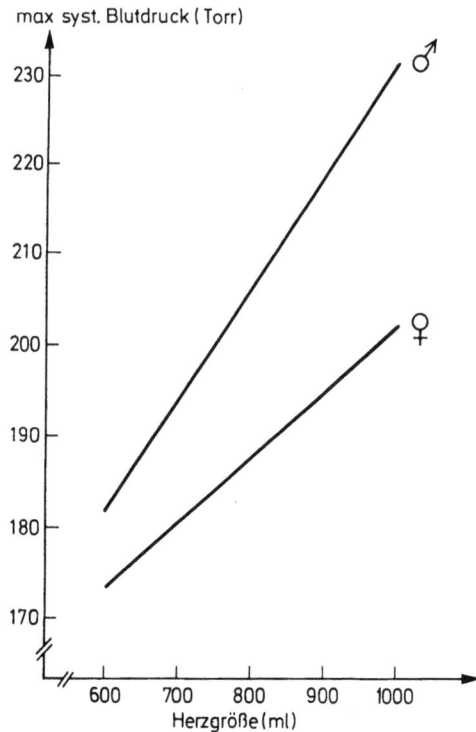

Abb. 58. Das Verhalten des maximalen systolischen Blutdruckes mit zunehmender Sportherzbildung bei Männern und Frauen (nach Israel, 1975)

Bei einer vergleichenden Untersuchung der Trainierbarkeit von weiblichen und männlichen postpuberalen Jugendlichen im Alter von 15–18 Jahren mit relativ gleichem Trainingsmaß (1. Woche 60% der 3-Minuten-Maximalleistung am Ergometer täglich, 2. Woche 70%, 3. Woche 80%, 4. Woche 90%) ergab sich ein signifikanter Unterschied des absoluten Leistungszuwachses. Der relative Leistungszuwachs der weiblichen und der männlichen Leistungsgruppe war jedoch gleich (Hengst, Mellerowicz, 1968, Abb. 60).

In Relation zur Herzgröße (ml) trainierter Frauen und Männer fand Israel (1975) geschlechtsspezifische Unterschiede der Ruhe-Herzschlagfrequenz (Abb. 55), der Leistungsherzschlagfrequenz (Abb. 56), der maximalen O_2-Aufnahme (Abb. 57) und des maximalen systolischen Druckes (Abb. 58).

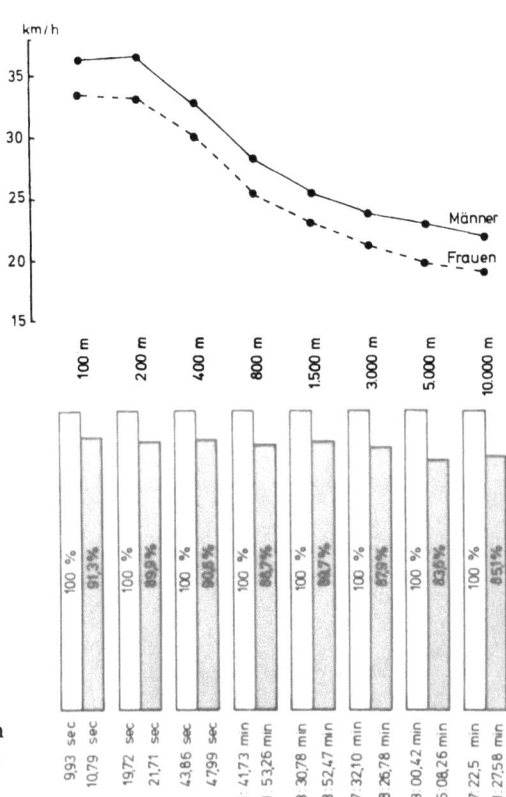

Abb. 59. Vergleichende Darstellung der Laufleistungen von 100–10000 m Männer und Frauen (Weltrekorde, Stand: 1.12.1983)

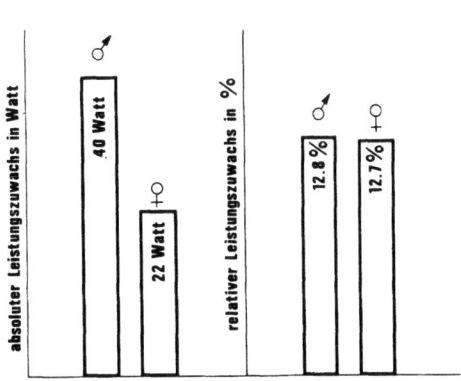

Abb. 60. Vergleichende Darstellung des absoluten Leistungszuwachses auf dem Ergometer (in Watt) und des relativen Leistungszuwachses in % bei 2 Gruppen von männlichen und weiblichen postpuberalen Jugendlichen annähernd gleichen Alters und annähernd gleicher Condition, bei relativ gleichem Trainingsmaß während einer Dauer von 4 Wochen (Hengst u. Mellerowicz, 1968)

Tabelle 5. Vergleichende Darstellung biologischer Grundlagen von Training und Leistung der Frauen

	Frauen	Männer
Körperbau:	Größe und Gewicht kleiner Becken breiter, schwerer Rumpf relativ länger Unterhautfettgewebe mehr spezifisches Gewicht kleiner	Größe und Gewicht größer Schultern breiter Extremitäten länger Unterhautfettgewebe weniger spezifisches Gewicht größer
Muskulatur:	$\approx$ 30–35% des Körpergewichts Last-Kraft-Relation ungünstiger	$\approx$ 40% des Körpergewichts Last-Kraft-Relation günstiger
Skelett:	Skelettgewicht absolut und relativ kleiner	Skelettgewicht absolut und relativ größer
Blut:		
Blutvolumen	absolut kleiner	
roter Blutfarbstoff (Haemoglobin)	$\approx$ 13–14 g/100 ml	$\approx$ 15–16 g/100 ml
rote Blutkörperchen in mm^3	kleinere Zahl roter Blutkörperchen in mm^3	$\approx$ 4,5–5 Millionen/mm^3
Herz-Kreislauf:		
Herzvolumen	absolut $\approx$ 65–75% rel. (pro kg) mehr als $\approx$ 65–75%	$\approx$ 800 ml
Herzgewicht	absolut $\approx$ 65–75% rel. (pro kg) mehr als $\approx$ 65–75%	$\approx$ 300 g
höchste Herzleistung	wahrscheinlich rel. (pro kg) mehr als $\approx$ 65–75% $\approx$ 65–75%	100%
Atmung:		
Vitalkapazität	absolut $\approx$ 70% rel. (pro kg) $\approx$ 80–85%	$\approx$ 4000–4500 ml
Sauerstoffkapazität	absolut $\approx$ 70% rel. (pro kg) $\approx$ 80–85%	$\approx$ 3000 ml $\approx$ 40 ml/kg
Hormonales System: *Nervensystem u. Psyche:*	Menstruationszyclus kann Einfluß auf Leistungen haben Unterschiede der Motorik und der Einstellung zur Leistung	

	absolut	*relativ* (pro kg)	Rekord
Leistungen:			
Dauerleistungen		mehr als ≈ 60–80%	> 90% (1 500 m Schwimmen)
Mittelleistungen	≈ 60–80%	mehr als ≈ 60–80%	90% (800 m)
Kurzleistungen	≈ 50–85%	mehr als ≈ 50–85%	90% (100 m)
Sprungleistungen	≈ 75–85%	mehr als ≈ 75–85%	hoch: 85%
			weit: 85%
Wurfleistungen	≈ 50–60%	mehr als ≈ 50–60%	nicht vergleichbar
Kraft	≈ 60–80%	mehr als ≈ 60–80%	100%
Trainings-Quantität: *			
Dauerleistungen	≈ 60–80%	relativ, d. h. in Relation zur Grundleistung	100%
Mittelleistungen	≈ 60–80%		100%
Kurzleistungen	≈ 60–80%	≈ gleich	100%
Kraft, dynamisch/statisch	≈ 60–80%		

Trainings-Qualität: entsprechend den Haupt- und Nebenkomponenten der speziellen Leistung (Kraft, Schnelligkeit, anaerobe Kapazität, aerobe Kapazität, spezielle Koordination) unter Berücksichtigung der geschlechtseigenen physischen, psychischen und motorischen Eigenarten.

Trainierbarkeit: **
Dauerleistungen · 100%
Mittelleistungen · 100%
Kurzleistungen, Kraft · 100%

absolute Trainierbarkeit erheblich kleiner (annähernd soviel kleiner wie Leistungsunterschiede)
relative Trainierbarkeit (in Relation zur Grundleistung) wahrscheinlich annähernd gleich oder nur wenig geringer

Erklärungen: ≈ (annähernd)
* Produkt aus Trainingsleistung, Dauer und Häufigkeit in bestimmter Zeit
** Leistungszuwachs bei relativ gleichem Trainingsmaß in gleicher Zeit

Für die vergleichende Darstellung wurden Untersuchungsergebnisse verwandt von: Åstrand, Bausenwein, Hettinger, Hoffmann, Hollmann, Klaus, Král, Mellerowicz, Nöcker, Reindell, Stoboy.

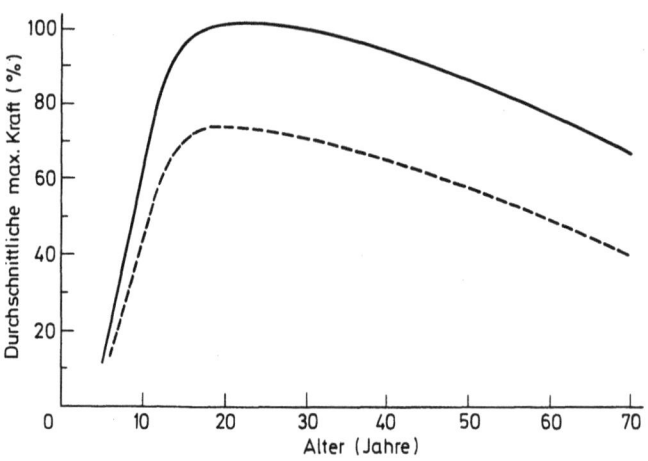

Abb. 61. Das Verhalten der maximalen statischen Muskelkraft bei männlichen und weiblichen Personen im Laufe des Lebens (nach Hollmann u. Hettinger, 1976)

8.3 Konstitution

Die Trainierbarkeit ist sehr wahrscheinlich in hohem Maße von der Konstitution, der Gesamtheit physischer und psychischer Merkmale eines Menschen abhängig. Sie wird von genetischen Faktoren bestimmt und von Umweltfaktoren beeinflußt. Vergleichende Untersuchungen an eineiigen und zweieiigen Zwillingen insbesondere von Grebe (1961), Klissouras (1973) u. a. haben die hochgradige genetische Determinierung sportlicher Leistungsfähigkeit und Trainierbarkeit gezeigt. Auch intensivstes Training kann organische Leistungsfunktionen nicht über genetisch bestimmte Grenzen hinaus entwickeln. Die Breite der Trainierbarkeit für verschiedene Leistungen ist individuell unterschiedlich groß. Konstitutionstypische Unterschiede bei leptosomen, pyknischen und athletischen Menschen können angenommen werden, wurden bisher aber noch nicht experimentell sicher definiert.

9 Exogene Faktoren

9.1 Ernährung

Die optimale Trainierbarkeit ist von der optimalen Ernährung abhängig. Sie enthält alle die Stoffe, welche der Körper für seinen Bau- und Betriebsstoffwechsel braucht, in optimaler Qualität und Quantität. Es sind Eiweiße, Kohlenhydrate, Fett- und Lipoidstoffe, Vitamine, Mineralstoffe und Wasser (Tabelle 6).
Die Trainierbarkeit und Leistungsfähigkeit wird durch „Minusfehler", aber auch durch „Plusfehler" vermindert.

9.1.1 Minusfehler der Ernährung

Bei *Eiweißmangel* kann im Training nicht genügend Muskeleiweiß gebildet werden infolge Fehlens von essentiellen Aminosäuren, die der Körper nicht selbst synthetisieren kann. Es erfolgt deshalb nicht eine dem Trainingsmaß entsprechende Kraft- bzw. Leistungszunahme.
Bei *Kohlenhydratmangel* erfolgt die Energiebildung vermehrt durch biologische Oxydation von Fetten. Hierbei ist der Wirkungsgrad des oxydativen Muskelstoffwechsels kleiner. Mit 1 l O_2 entstehen bei biologischer Oxydation von Kohlenhydraten 5,04 kcal, aus Fetten jedoch nur 4,69 kcal.
Bei *Vitaminmangel* stehen diese nicht in ausreichendem Maße als biologische Katalysatoren für den Muskelstoffwechsel zur Verfügung (B-Komplex, C, E und H). Daraus können Verlangsamung des Muskelstoffwechsels, Leistungsminderung und verminderte Trainierbarkeit resultieren.
Natrium, Kalium, Calcium, Magnesium müssen ständig in bestimmter Menge aufgenommen werden zur Erhaltung physiologischer Salzkonzentrationsverhältnisse des Blutes und der Gewebe. Störungen des physiologischen Salzmilieus können zu Konditionsstörungen, Leistungsminderungen und reduzierter Trainierbarkeit führen.
Bei *Mangel an Eisen* in der Ernährung kann nicht in ausreichendem Maße roter Blutfarbstoff (Hämoglobin) aufgebaut werden. Die Folge ist eine Minderung der O_2-Kapazität und der Dauerleistungsfähigkeit.

Tabelle 6. Die Zusammensetzung der Nahrungsmittel von Souci – Fachmann – Kraut (in 100 g)

	Kalorien	Eiweiß	Fett	KH	Wasser	Mineralien (mg)						Vitamine			
						Natrium	Kalium	Calcium	Eisen	Phosphor	Chlorid	A mg	B$_1$	C	D
Fette und Öle												fetthaltig			
Butter	755–718	0,70	81,0	0,7	17,4	6,0	20	16	0,15	19	–	0,67	0,007	–	–
Margarine	733–698	0,51	78,4	0,40	19,7	104	7	13	0,05	25	134	0,66	0	0,004	8,0 g
Sahne	302–287	2,2	30,4	2,9	64,1	38	78	75	–	63	–	0,24	0,025	1,0	0,73 g
Olivenöl	927–880	0	99,6	0,2	0,2	1	–	–	–	–	100	(0,12)	–	–	–
Maisöl (Keimöl)	930–885	0	100,0	0	0	1	1	15	1,3	–	–	–	–	–	–
Brot, Mehl, Teigwaren, Zucker												kohlenhydrathaltig			
Weißbrot	259–249	8,2	1,2	50,1	38,3	385	132	58	0,95	89	(450)	–	0,086	–	–
Roggenbrot	239–212	7,3	1,2	46,4	42,0	220	–	30	1,9	132	–	0	0,16	–	–
Vollkornbrot	153–222	6,4	1,0	51,2	38,5	424	291	43	3,3	220	–	–	0,18	–	–
Nudeln	390–373	13,0	2,9	72,4	10,1	7	157	20	2,1	196	–	60 g	0,20	–	–
Reis (poliert)	368–359	7,0	0,62	78,4	12,9	6	103	6	0,60	120	(0)	(0)	0,060	(0)	–
Rohrzucker	394–386	0	0	99,8	0,05	0,3	2,2	0,6	0,29	0,3	1,5	0	0	0	–
Honig (Blüten)	305–298	0,38	0	80,8	18,6	7,4	47	4,5	1,3	18	–	–	0,003	2,4	–
Schokolade	563–491	9,1	32,8	54,7	1,1	58	–	214	3,1	242	131	0,018	0,088	(0)	–
Gemüse, Salate												vitamin- und mineralhaltig			
Blumenkohl	28,3	2,46	0,28	3,93	91,6	16	328	20	0,63	54	29	–	0,11	69,8	–
Kohlrabi	26,0	1,94	0,10	4,45	91,3	10	392	75	0,9	49,7	(57)	–	0,053	53,0	–
Spinat	23,1	2,45	0,41	2,40	92,7	62	662	62	6,6	48	76	–	0,086	47	–
Erbsen (grün)	92,2	6,70	0,50	13,9	76,0	2	296	26,0	119	190	40	0	0,28	25,5	–
Linsen	354–323	23,5	1,4	56,2	11,8	4	810	74	6,9	412	(84)	–	0,43	–	–
Kopfsalat	15–12	1,56	0,25	1,66	94,9	–	218	23	0,60	35	–	0	0,057	10	–
Endiviensalat	17,1	1,75	0,20	2,05	94,3	53	346	54	1,4	54,3	–	–	0,052	0,4	–

													vorwiegend eiweißhaltig	vitamin- und mineralhaltig
Fleisch und Wurstwaren														
Kalbfleisch, m'fett	177–170	19,7	9,5	–	69,6	108	327	13	2,3	–	74	–	0,12	–	3,8
Schweinefleisch, fett	566–539	9,8	55,0	–	36,0	42	169	7	1,6	120	–	(0)	0,43	0	–
Rindfleisch, m'fett	283–271	17,5	21,7	–	60,0	89	329	24,6	2,8	150	51	12 mg	0,075	–	–
Hühnerfleisch	144–138	20,6	5,6	–	72,7	82,5	359	12	1,8	200	85	9,9 mg	0,083	(2,5)	–
Schweineleber	147–142	20,1	5,71	–	71,8	77	350	10	22,1	362	2,39	3,54 mg	0,31	23 mg	–
Salami	550–524	17,8	49,7	–	27,7	1,26	302	35	–	–	–	–	0,18	–	–
Mettwurst	541–516	11,9	51,5	–	33,0	1,09	213	13	(1,6)	(160)	–	–	(0,20)	–	–
Mortadella	367–349	12,4	32,8	–	52,3	669	207	42	–	–	920	0	0,10	0	–
Leberwurst	449–428	12,4	41,2	–	42,9	810	143	41	5,3	154	–	1,46 mg	–	–	–
Fisch														
Schellfisch	79,9	17,9	0,1	–	80,8	116	301	18	0,61	176	–	0,017	0,05	–	–
Kabeljau	77,7	17,0	0,3	–	81,8	86	350	11,0	0,46	190	97	–	0,057	2 mg	19,2 mg
Hering	255–244	17,3	18,3	–	62,8	118	317	57	1,1	240	–	0,040	0,055	0,5 mg	–
Milch, Käse, Eier														
Kuhmilch	60,8	3,13	3,0	4,87	88,2	47	155	128	0,14	87,3	90,1	0,024	0,036	1,47	0,07
Quark	88,3	17,2	0,58	1,82	79,4	36	96	71	–	189	150	0,010	0,04	ca. 1,0	–
Edamer	238–232	26,1	23,0	3,54	43,4	737	76	65	0,70	455	1,18	0,18	0,057	Spur	–
Hühnerei	167–160	12,9	11,2	0,7	74,1	144	147	56	2,1	216	180	0,22	0,10	0	5,0
Obst														
Apfel	52,4	0,30	0,30	12,1	86,0	1,8	137	8,0	0,35	11	–	–	0,027	12 mg	–
Birne	58,9	0,50	0,40	13,3	83,5	2,0	122	17	0,30	22	19,0	0	0,037	5 mg	–
Apfelsine	54,4	0,96	0,26	9,14	85,7	3	170	11	0,50	23	4	–	0,071	51 mg	–
Banane	90,3	1,1	0,2	21,0	75,9	1,8	370	10,6	0,55	29	–	–	0,042	11 mg	–
Getränke														
Bier	50,0	0,6	–	4,0	90,0	8	46	10	0	20	–	–	0	–	–
Coca-Cola	45,0	0	–	11,3	–	1	52	–	–	–	–	0	0	0	–
Limonade	48,0	0	–	12,0	–	–	–	–	–	–	–	0	0	0	–
Orangensaft	45,0	0,6	0,2	11,3	87,1	0,3	170	33	0,4	23	4	190	0,08	49 mg	–

Kobalt und Kupfer sind ebenfalls in Spuren für die Blutbildung erforderlich. Auch Mangel an Jod, Zink, Molybdän, Mangan u. a. kann zu Leistungsminderung führen.

Bei *ungenügender Flüssigkeitsaufnahme* kann der Organismus bei Leistungen unter Hitzebedingungen nicht ausreichend Schweiß bilden. Das Blutvolumen kann reduziert werden. Die Viskosität des Blutes und die Salzkonzentrationen können ansteigen. Hieraus ergeben sich bei hohen Termperaturen Störungen der Wärmeregulation und der physiologischen Leistungsfunktionen. Die großen Wärmemengen, die bei Dauerleistungen entstehen, können dann nicht abgegeben werden (durch Ableitung, Abstrahlung, Verdunstung von Schweiß). Die Innentemperatur des Körpers steigt an, und es kommt bei erheblicher Temperaturerhöhung zu einer Minderung von Dauerleistungen (Abb. 62).

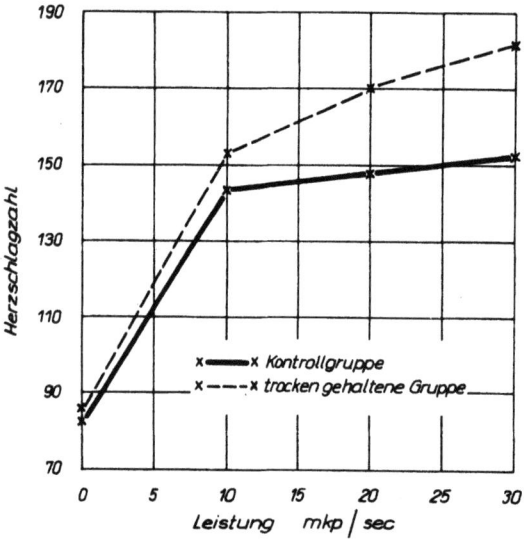

Abb. 62. Herzschlagzahl pro min während ansteigender Leistung bei einer „trocken gehaltenen" Gruppe und einer Kontrollgruppe mit nicht eingeschränkter Flüssigkeitszufuhr (nach Buskirk et al., 1967)

9.1.2 Plusfehler der Ernährung

Bei *zu reichlicher Kohlenhydrat- und Fetternährung* werden mehr oder weniger erhebliche Mengen an Depotfett abgelagert. Es kommt infolge ungünstigeren Last-Kraftverhältnisses zu einem Abfall von Kurz-,

Mittel- und Dauerleistungen. Auch bei zu reichlicher Flüssigkeitsaufnahme wird das Last-Leistungsverhältnis des Körpers reduziert. Ein Ausgleich durch vermehrte Urinproduktion erfolgt jedoch in Stunden. Ob eine chronische übermäßige Flüssigkeitsaufnahme zu Wasserretention und bleibenden Veränderungen der Last-Leistungsrelation führen kann, ist nicht geklärt.

Durch schwer verdauliche Speisen und große Nahrungsmengen, die vor dem Training und vor großen sportlichen Beanspruchungen aufgenommen werden, wird die zuträgliche Trainingsquantität und die Leistungsfähigkeit vermindert. Das bei der Verdauung in das Magen-Darmgebiet fließende Blut steht dann der Skelettmuskulatur nicht in optimaler Menge zur Verfügung.

9.1.3 Praktische Grundsätze der Ernährung im Training

1. Im Training ist eine gemischte Kost, in der alle lebens- und leistungsnotwendigen Ernährungsstoffe in optimaler Menge enthalten sind, am geeignetsten. Die Ernährung darf weder zu reichlich, noch zu knapp sein. Sie muß dem Körpergewicht und dem Maß an körperlicher Beanspruchung eines Tages angemessen sein.

2. Der *Kaloriengehalt* der Ernährung im Training, der sich mit der Waage und mit Kalorientabellen ausrechnen läßt, soll etwa 3000–4000 kcal. betragen. Nur bei extremen Dauerleistungen und mehrstündigem Training kann er bis zu ca. 5000–7000 kcal. erreichen. Einfache Auskunft über die *Stoffwechselbilanz* gibt die Waage: Wenigstens einmal wöchentlich, am besten täglich, ist im Training das Gewicht zu kontrollieren, stets zur gleichen Tageszeit, möglichst morgens nach dem Aufstehen, nach der Toilette. Bei zu reichlicher Ernährung nimmt es zu, bei zu knapper Ernährung ab.

Abnahme des Körpergewichts kann am Beginn eines Trainings, wenn noch überschüssige Fettpolster abzubauen sind, durchaus ratsam sein. Dagegen kann in Kraftsportarten, z.B. Gewichtheben, in den ersten Wochen und Monaten eine Zunahme des Körpergewichts durch Zunahme der Muskelmasse auftreten. Wenn das optimale Leistungsgewicht eingestellt ist, soll das Körpergewicht konstant bleiben. *Die Stabilität des Gewichts ist ein wichtiges Kennzeichen guter Kondition und eines dynamischen Gleichgewichts der Stoffe und Funktionen des Organismus.* Änderungen des optimalen Leistungsgewichts sind Ausdruck entweder nicht angemessener Ernährung oder von Konditionsstörungen, z.B. durch infektiöse Erkrankungen, auch durch seelische Konflikte. Ebenso können Übertraining und übermäßige Gesamtbeanspruchung in Beruf und Sport Gewichtsverluste bewirken.

3. Zur Versorgung des Körpers mit hochwertigem *Eiweiß* ist anzuraten, täglich ½ l Milch zu trinken oder Quark oder andere Milchprodukte zu essen. Hochwertige Eiweißträger sind z. B. auch Fisch und Blutwurst, Erbsen, Bohnen und Reis. Etwa ⅓ bis ½ des Eiweßbedarfs sollte durch tierisches Eiweiß gedeckt werden, das einen höheren Gehalt an essentiellen Aminosäuren hat.

4. Der tägliche *Kohlenhydratbedarf* wird von Quantität des Trainings und der Größe des gesamten Betriebsstoffwechsels bestimmt (ca. 300–1 000 g täglich).

5. Der *Fettbedarf* ist auch durch pflanzliche Öle wie Olivenöl, Sonnenblumenöl, Leinöl, Sojaöl, Mais- und Weizenkeimöl zu decken, die viel ungesättigte Fettsäuren mit besonderen Stoffwechselfunktionen enthalten.

6. Die Ernährung im Training soll *viel frisches Obst und Gemüse* enthalten, um den erhöhten Bedarf an *Vitaminen* und *Mineralien* zu decken. Aus dem gleichen Grunde ist auch Vollkornbrot zu bevorzugen. *Schlackenstoffe* wie Zellulose sind in gewissem Maße zur Anregung der Darmbewegungen erforderlich. Zuviel Schlackenstoffe, z. B. bei reichlicher Ernährung mit Kraut, Kohl und Gemüse, können den Darm erheblich belasten, Blähungen verursachen und durch Behinderung der Zwerchfellfunktion leistungsmindernd wirken.

7. Die *Flüssigkeitsaufnahme* soll ausreichend sein. Es darf weder zuviel noch zu wenig getrunken werden. Am zweckmäßigsten wird der Flüssigkeitsbedarf durch Fruchtsäfte, Früchte, Gemüse, Milch oder gewöhnliches Wasser gedeckt. Der Tagesbedarf beträgt ca. 0,5–3 l. Bei hartem Dauertraining unter Hitzebedingungen können schon in einer Stunde 3–4 l Schweiß produziert werden (Bierbaum, Mellerowicz u. Mitarb. 1972). Der Tages-Flüssigkeitsbedarf kann dann auf ca. 5 l und mehr ansteigen. Als praktische Regel gilt: Immer etwas weniger trinken als man Durst zu haben glaubt.

8. Der tägliche *Salzbedarf* wird zweckmäßigerweise nicht durch reines Kochsalz gedeckt, sondern durch Salzgemische, die neben Natriumchlorid auch Kalium-, Calcium-, Magnesiumsalze und andere Mineralsalze enthalten.

9. Die Nahrungsmittel müssen *hygienisch und sauber zubereitet* und aufbewahrt werden (im Eisschrank), um der Gefahr bakterieller Lebensmittelvergiftung vorzubeugen.

10. Jede Speise soll *schmackhaft zubereitet* und *appetitlich serviert* werden. Nicht schmeckende, unappetitliche Speisen werden langsamer verdaut.

11. Leichtverdauliche Speisen sind zu bevorzugen. Sie haben eine kürzere Verweildauer im Magen.
Schwer verdaulich sind in Fett gebratene Speisen. – Während der längeren Verdauungszeit ist der Mensch körperlich und geistig nicht voll leistungsfähig. „Ein voller Bauch studiert nicht gern" – und er läuft auch nicht gern.
Leichter verdaulich sind *gedämpfte, gesiedete, kurz gekochte, geröstete* und auch viel *rohe Speisen*.

12. Die Mahlzeiten sind *regelmäßig*, möglichst zur gleichen Tageszeit einzunehmen. Hierdurch wird die Einstellung eines natürlichen *Rhythmus* der *Stoffwechselfunktionen* gefördert. Von ihm scheint unsere Leistungsfähigkeit wesentlich abhängig zu sein. – *Eine Umstellung der Ernährung vor wichtigen Leistungsterminen ist zu vermeiden.* – Durch unregelmäßige Mahlzeiten, auch durch Umstellung der Ernährung, können Leistungsfähigkeit und Trainierbarkeit verändert werden.
(Eine systematische experimentelle Klärung der Zusammenhänge ist noch nicht erfolgt)

9.1.4 Spezielle Ernährung von Kurz- und Dauerleistern

Kurzleister brauchen eine sehr eiweißreiche Ernährung für den Aufbau neuer Muskelsubstanz, insbesondere von Actin- und Myosinmolekülen. Der Tagesbedarf beträgt etwa 2 Gramm pro kg Körpergewicht. Dauerleister brauchen eine kohlenhydratreiche Ernährung. Für eine Stunde eines Dauertrainings werden etwa 100–150 Gramm Kohlenhydrate gebraucht, die z. B. in 500–750 Gramm Kartoffeln enthalten sind.

9.2 Lufttemperatur

Alle Leistungsfunktionen des Körpers werden beim Training auch durch Temperatur (und Luftfeuchtigkeit) beeinflußt. Für alle Leistungsgrößen und -arten gibt es in Abhängigkeit von konstitutionellen Faktoren physiologische Optima der Lufttemperatur und der Luftfeuchtigkeit. Sie sind jedoch bisher nicht eingehend untersucht und genau definiert worden.

Alle körperlichen Leistungen sind abhängig von chemischen Prozessen und elektrophysikalischen Vorgängen im Muskel- und Nervensystem, die durch biologische Katalysatoren (Fermente) beschleunigt werden. Chemische Prozesse und die Aktivität dieser biologischen Katalysatoren sind temperaturabhängig. Jede Veränderung der Körperinnentemperatur wirkt sich auf sie aus. Die Körperinnentemperatur kann trotz der zentralen Wärmeregulation durch muskuläre Leistungen und hohe bzw. niedrige Außentemperaturen längerer Einwirkungsdauer verändert werden. Bei Temperaturerhöhung laufen die chemischen Prozesse im Körper schneller ab, langsamer bei tieferen Temperaturen.

Der Körper produziert in Ruhe annähernd 1 kcal pro kg/h. Die graphische Darstellung (Abb. 63) der Herzschlagfrequenz und des Minutenvolumens als Ausdruck der Wärmeregulation bei unterschiedlichen Lufttemperaturen zeigt für beide Größen bei annähernd 20 °C die niedrigsten Werte. Bei körperlichen Leistungen kann jedoch die Wärmeproduktion des Körpers auf annähernd 10–20 kcal pro kg/h ansteigen. Es wird deshalb eine gesteigerte Wärmeregulation erforderlich:

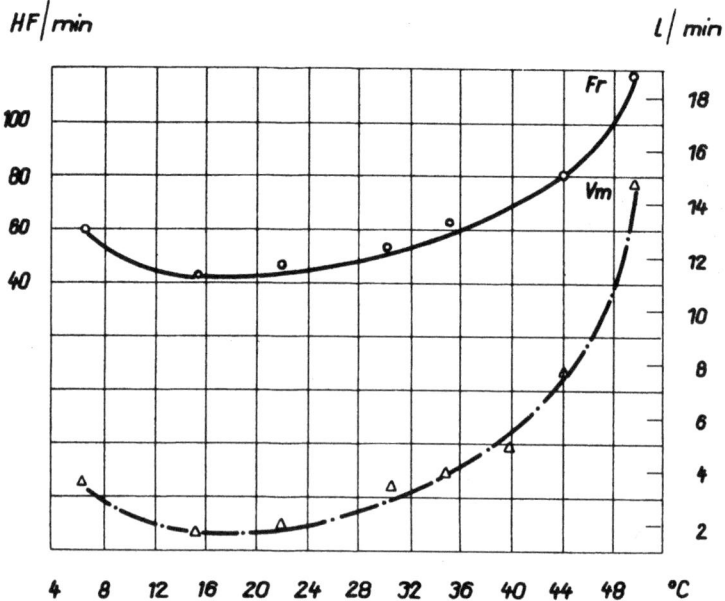

Abb. 63. Herzschlagfrequenz und Blutförderung des Herzens (Vm) in der Minute einer ruhenden Versuchsperson bei Temperaturen von 8–48 °C (nach Wezler u. Thauer, 1940)

vermehrte Durchblutung von Hautgefäßen, zunehmende Wärmeabstrahlung (durch Ultrarotstrahlen), Wärmeableitung, Konvektion und erhöhte Schweißproduktion. Bei Verdunstung von 1 Liter Schweiß werden der Haut 580 kcal entzogen. Mit Zunahme des Atemminutenvolumens gewinnt die Wärmeabgabe durch die Exspirationsluft an Bedeutung. Alle sehr komplexen Maßnahmen der Wärmeregulation werden durch Wärmeregulationszentren gesteuert, die im Zwischenhirn lokalisiert sind.

Die Abb. 63 zeigt die erheblichen Einwirkungen der Temperatur auf Herzschlagfrequenz und Blutzeitvolumen des Herzens bei einer gesunden Versuchsperson in Körperruhe. Ähnliche, jedoch quantitativ unterschiedliche Wirkungen treten beim Menschen während körperlicher Leistungen auf. Höhere Temperaturgrade und höhere Grade von Luftfeuchtigkeit, die über den „Behaglichkeitszonen" liegen, führen zu einer zusätzlichen Beanspruchung des Organismus während der Leistung. Sie bewirken ein Ansteigen der Herzschlagfrequenzen und des Kreislaufminutenvolumens während gleicher Leistung als Ausdruck der gesteigerten Wärmeregulationsvorgänge. Die Leistungsreserven des Körpers für Dauerleistungen sind dabei vermindert, um so mehr, je höher die Temperatur und die Luftfeuchtigkeit sind (Abb. 64).

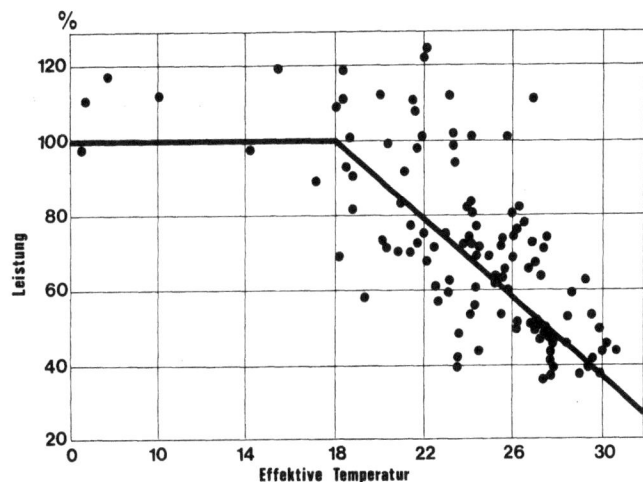

Abb. 64. Die Abhängigkeit der körperlichen Leistungsfähigkeit am Ruderergometer von der effektiven Temperatur (nach Hasse, 1935)

Die großen Mengen an Leistungswärme, die der Körper während muskulärer Leistungen produziert, führen trotz intensiver Wärmeregulationsmaßnahmen des Organismus zu einem Ansteigen der Innentemperatur. In Abhängigkeit von konstitutionellen Faktoren steigt sie im allgemeinen um so höher an, je größer und dauernder die Leistung ist und je höher Lufttemperatur und Luftfeuchtigkeit sind.
Bei 11 Langstreckenläufern fanden wir unmittelbar nach einem 20-km-Lauf bei einer Lufttemperatur von 31,2° (Luftfeuchtigkeit 50%), einer Strahlungstemperatur von 47,5° (Effektivtemperatur n. Yaglou 23,0°) 7 mal eine rectale Temperatur über 40°, in einem Falle eine Temperatur von 42,3° (Abb. 65).
Im Zusammenhang hiermit zeigen die Erfahrungen, daß kühlere Temperaturen (unter 20°) sich günstig auf Dauerleistungen auswirken, höhere Temperaturen von $\approx$ 25–35° dagegen Schnellkraftleistungen fördern. Ähnliche Verhältnisse der Temperaturoptima gelten für Dauer- und Schnellkrafttraining.
Auf Schnellkraftleistungen können höhere Temperaturen leistungssteigernd wirken, da bei einem Ansteigen der Innentemperatur die Stoffwechselprozesse im neuromuskulären System beschleunigt werden. Auf Dauerleistungen wirken hohe Außentemperaturen leistungsmindernd, da bei großen Dauerleistungen selbst große Wärmemengen im Muskel produziert werden. Bei höheren Lufttemperaturen von 25–35 °C wird die Wärmeableitung und Wärmeabstrahlung reduziert. Bei Temperaturen über 35 °C kann der Körper nur noch durch Schweißverdunstung Wärme abgeben. Infolge vermehrter Hautdurchblutung werden die muskuläre Durchblutung und die Leistung vermindert. Kühlere Temperaturen um ca. 10–20 °C sind deshalb günstiger für Dauerleistungen und Dauerleistungstraining.
Beim Marathonlauf der Panasiatischen Spiele 1966 in Bangkok, der bei einer Temperatur von 36° im Schatten (Strahlungstemperatur > 50°) und 72% relativer Luftfeuchtigkeit gelaufen wurde, betrug die Leistungsminderung der Läufer durch die Hitze etwa 15–20 Minuten – im Vergleich mit ihren Leistungen bei $\approx$ 20°. Die Gewichtsverluste der Läufer lagen z.T. über 5 kg. Sie hatten also in 2½ Stunden etwa 5 l Schweiß produziert und einige der Läufer $\approx$ $^1\!/_{10}$ ihres Körpergewichts verloren.
Folgen des Wasserentzuges (Dehydration) durch große Schweißverluste sind: Änderung der Permeabilität der Zellmembranen, Änderung des physiologischen Zustandes der Eiweiße der Zellen und des Blutes, Einschränkung der physiologischen Aktivität der Fermente (sie sind von den physiologischen Salzkonzentrationsverhältnissen abhängig), zunehmende Viscosität des Blutes, damit Reduzierung des maximalen

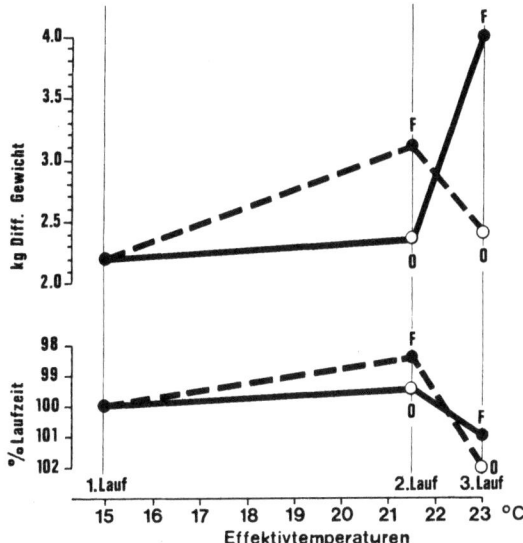

Abb. 65. Mittlere Laufzeiten und Gewichtsverluste bei „Feucht-" und „Trocken-Läufern" der Gruppen A und B in Relation zur Effektivtemperatur. Im 3. Lauf, der bei einer Strahlungstemperatur von 47,5° durchgeführt wurde, war der Leistungsabfall der „Feucht-Läufer" – bei viel höheren Schweißverlusten – kleiner (Bierbaum, Mellerowicz u. Mitarb., 1972)

Minutenvolumens des Kreislaufs, übermäßiges Ansteigen der Körperinnentemperatur, da bei zunehmender Dehydration nicht genügend Schweiß produziert werden kann.

Schon ein Flüssigkeitsentzug von 2% des Körpergewichts führt zur Einschränkung der Leistungsfähigkeit, also schon 1,5 l bei 75 kg Körpergewicht (Buskirk et al., 1958). Bei einem Flüssigkeitsentzug von 5% des Körpergewichts ($\approx$ 3–4 l) ist die Dauerleistungsfähigkeit stark reduziert. Der Körper kann in einer Stunde bei körperlichen Anstrengungen annähernd 1–3,5 l Flüssigkeit durch Schweißbildung in Abhängigkeit von Lufttemperatur, Luftfeuchtigkeit, Luftbewegung, Sonnenstrahlung und Leistungsgröße verlieren, wie unsere Versuche mit Marathonläufern ergaben.

Angemessene Flüssigkeitszufuhr vor und während Dauerleistungen bei Hitze wirkt leistungssteigernd (Bierbaum, Mellerowicz u. Mitarb., 1972). Zuviel Flüssigkeitszufuhr beeinträchtigt das Last-Kraft-Verhältnis und vermindert damit die Leistungsfähigkeit des Organismus.

Durch übermäßiges Trinken wird zudem Durst erzeugt, da der Körper zusätzlich Flüssigkeit ausscheidet. Zu geringe und zuviel Flüssigkeitszufuhr wirkt leistungsmindernd. Für die optimale Leistung muß also eine optimale Flüssigkeitsaufnahme erfolgen. Sie ist auch für das Training von Bedeutung.

Für Dauerleistungen und Training bei Hitze ist deshalb anzuraten:

1. Tragen eines speziellen Hemdes für Langstreckler. Es soll wenig Haut bedecken und möglichst dünn und porös sein, um die Abstrahlung und Ableitung von überschüssiger Wärme so wenig wie möglich zu behindern.

2. Der Körper muß ausreichend mit Flüssigkeit aufgefüllt sein, um genügend Schweiß produzieren zu können. Durch die Schweißverdunstung wird dem Körper überschüssige Wärme entzogen. Zudem werden mit dem Schweiß beträchtliche Mengen an Milchsäure ausgeschieden und einem stärkeren Abfall des pH-Wertes im Blut entgegengewirkt. Zu geringe Flüssigkeitsaufnahme von Dauerleistern vermindert die Leistung und die zuträgliche Trainingsquantität, besonders bei Temperaturen um 25–35°.

Es ist ratsam, vor Dauerleistungen ⅓ bis ½ der Flüssigkeitsmenge zu trinken, die durch Schweißproduktion voraussichtlich verlorengeht. Durch Wiegen vor und nach Langstreckenleistungen bei verschiedenen Temperaturen können Erfahrungswerte hierfür ermittelt werden. Als Getränk ist frischer Fruchtsaft + Wasser und 3 g Meersalz auf 1 l Flüssigkeit zu empfehlen. Für lange Dauerleistungen (Marathonläufe u. a.) ist es zweckmäßig, das Getränk noch mit Mono- und Oligosacchariden anzureichern (z. B. Traubenzucker und Rohrzucker).

3. Zum Training der Wärmeregulation des Körpers soll
a) häufig auch bei Hitze trainiert werden,
b) ein- bis zweimal wöchentlich ein spezielles Hitzetraining in der Sauna durchgeführt werden: 3 mal 6–9 Minuten bei einer Temperatur von 80–100° und 20–10% relativer Luftfeuchtigkeit sind eine gebräuchliche Dosierung.

9.3 Luftdruck

Mit abnehmendem Luftdruck in zunehmender Höhe tritt ein Abfall von Dauerleistungen ein. Er wird bedingt durch den niedrigeren Sauerstoffdruck in der Höhe, die abnehmende O_2-Sättigung des Blutes und die infolgedessen reduzierte O_2-Kapazität. Der absolute und rela-

tive Leistungsabfall in Mittel- und Dauerleistungen in Relation zur Leistungsdauer folgt einer biologischen Gesetzmäßigkeit, die durch charakteristische Kurven definiert wird (Abb. 66, 67).
Durch Höhenanpassungsvorgänge des Blutes, des Herzens, der Lungen und der Skelettmuskulatur (Vermehrung biologischer Oxydationsfermente und von Myoglobin) wird die Mittel- und Dauerleistung wieder gesteigert. Sie erreicht aber nicht die Leistungen in Meereshöhe (Abb. 68). Die optimale Anpassungszeit ist wahrscheinlich wesentlich länger als 4 Wochen. Durch häufiges Höhentraining kann eine schnellere und ein größeres Maß an Höhenanpassung erreicht werden.
Kurzdauernde Kraft- und Schnelligkeitsleistungen mit anaerober Energiebildung sind in mittleren Höhen nicht vermindert. Für Schnelligkeitsleistungen mit Horizontalverschiebung des Körpers (Sprints, Weitsprung, Dreisprung) oder des Wurfgerätes bestehen wegen des geringen Luftwiderstandes sogar günstigere Bedingungen. Fehlende Höhenanpassung hat auf Kurzleistungen keinen negativen Einfluß.
Das Trainingsmaß, das Produkt aus Trainingsleistung, Trainingsdauer und Trainingshäufigkeit in bestimmter Zeit, ist in der Höhe etwa entsprechend dem Maß der Leistungsminderung zu reduzieren. Die biologische Beanspruchung des Organismus im Höhentraining ist dann der in Meereshöhe annähernd gleich. Z. B. wäre für einen nicht angepaßten 5000-m-Läufer in 2000 m ü. M. zunächst ein um ca. 8–10% kleineres Trainingsmaß ratsam. Es erscheint zweckmäßig, die Intensität adäquat zu reduzieren, die Dauer aber annähernd beizubehalten.

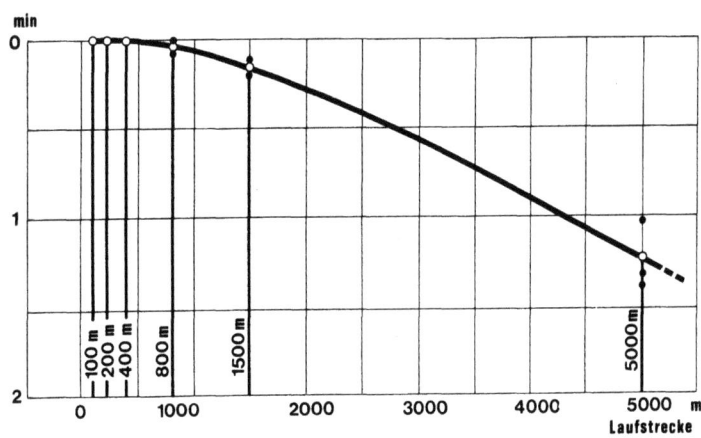

Abb. 66. Der absolute Leistungsabfall in Zeiteinheiten von 15 nicht angepaßten 100–5000 m Läufern in Relation zur Laufstrecke (Mellerowicz u. Meller, 1967)

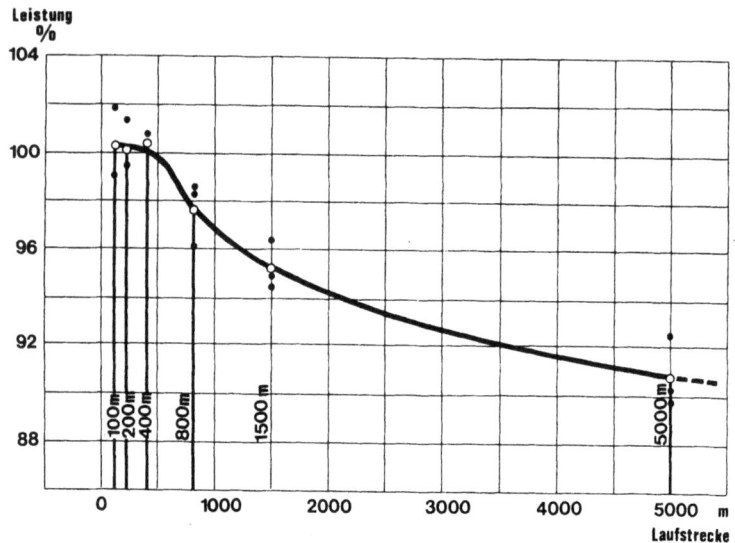

Abb. 67. Der relative Leistungsabfall in Prozent von 15 nicht angepaßten 100–5000 m Läufern in Relation zur Laufstrecke (Mellerowicz u. Meller, 1967)

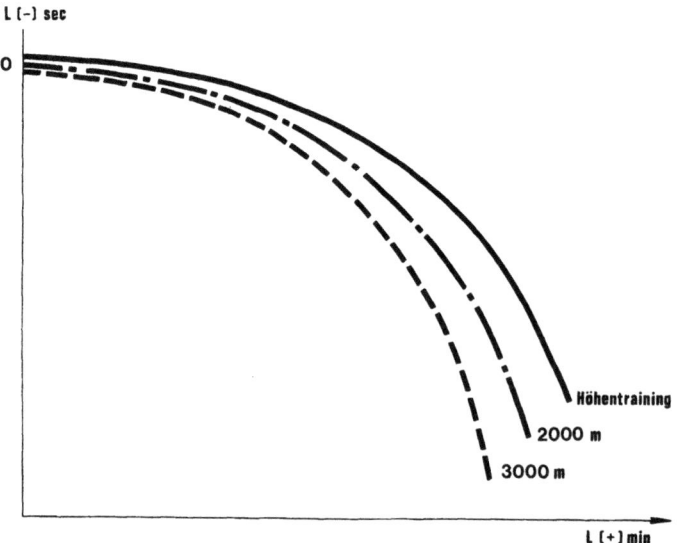

Abb. 68. Abnahme des Leistungsabfalls (in sec) in Relation zur Dauer der Leistung in 2000 m Höhe durch Höhentraining (schematisch)

Von besonderem Interesse ist die Wirkung eines Dauerleistungstrainings in der Höhe auf die Dauerleistung im Tiefland. Zur Klärung dieser grundsätzlichen Frage wurde folgender vergleichender Versuch durchgeführt (Mellerowicz, Meller u. Mitarb., 1970):
22 Langstreckenläufer wurden nach einem 6-wöchigen gemeinsamen *Vortraining* in Berlin in zwei annähernd gleiche Leistungsgruppen eingeteilt. In der folgenden 4-wöchigen *Haupttrainingsperiode* trainierte Gruppe I vier Wochen mit bestimmter Quantität und Qualität in Meereshöhe. Gruppe II trainierte mit relativ (in Relation zum Leistungsabfall in der Höhe) gleicher Quantität und Qualität in Höhen um 2000 m. Die Vpn beider Gruppen liefen an 5 Tagen der Woche täglich 6000 m, 3000 m und 300 m in relativ gleicher Zeit. Einmal wöchentlich wurde unter wettkampfmäßigen Bedingungen bei genauer Tempoeinteilung die 3000-m-Maximalleistung gemessen. In einer 18-tägigen *Nachtrainingsperiode* in Berlin trainierten beide Gruppen weiter mit relativ gleicher Trainingsquantität.

Der mittlere Zuwachs der 3000-m-Leistung war in der Höhengruppe signifikant größer als in der Vergleichsgruppe. Von den 10 Läufern mit dem größten Leistungszuwachs hatten 8 in der Höhe trainiert (Abb. 69).

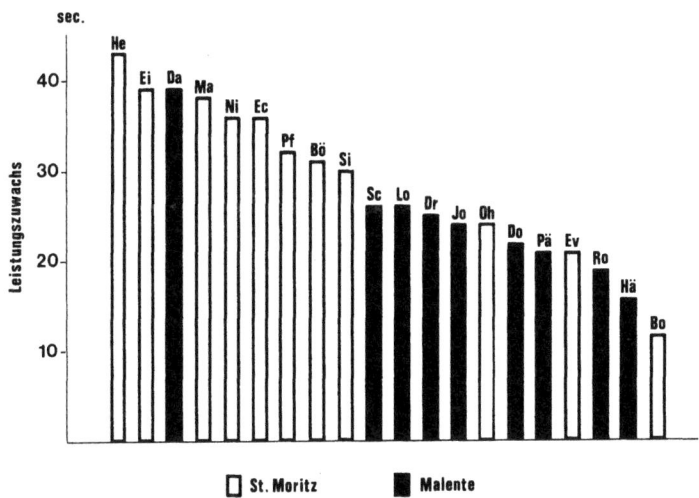

Abb. 69. 3000-m-Leistungszuwachs in sec jedes einzelnen Läufers im Laufe der Haupt- und Nachtrainingsperiode. Unter den 10 Läufern mit dem größten Leistungszuwachs hatten 8 am Höhentraining teilgenommen (Mellerowicz, Meller u. Mitarb., 1970)

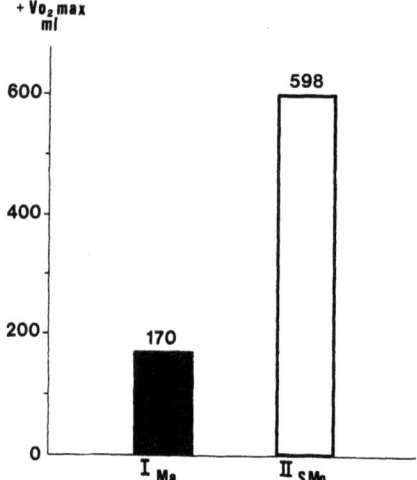

Abb. 70. Mittlerer maximaler O_2-Zuwachs der Gruppen I_{Ma} und $II_{S\,Mo}$ (ml, STPD) vor Beginn der Haupttrainingsperiode bis Ende der Nachtrainingsperiode (Mellerowicz, Meller u. Mitarb., 1970)

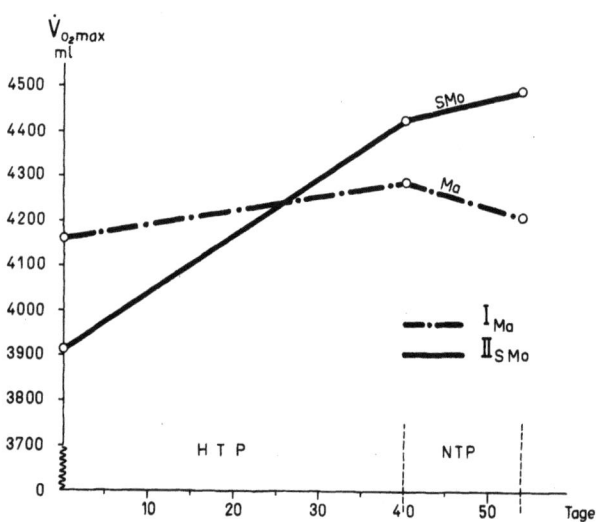

Abb. 71. Die mittlere maximale O_2-Aufnahme (ml, STPD: Standard Temperature Pressure Dry) der Gruppen I_{Ma} und $II_{S\,Mo}$ bei Fußkurbelleistung. 1. Messung vor Beginn des Haupttrainings, HTP, 2. u. 3. Messung in der Nachtrainingsperiode, NTP, ≈ 50 m ü. M. (Mellerowicz, Meller u. Mitarb., 1970)

Der mittlere Zuwachs von V_{O_2max} war in der Höhengruppe hoch signifikant (p < 0,005) größer als in der Vergleichsgruppe. Von den 10 Läufern mit dem größten Zuwachs der O_2-Kapazität trainierten 9 in der Höhe (Abb. 70, 71).
Im Verhalten des Herzvolumens, der Ery- und Hb-Werte ergaben sich keine sicheren Unterschiede der beiden Gruppen.
Nach diesen Versuchen bewirkt Dauerleistungstraining bei zusätzlicher Hypoxie-Einwirkung in der Höhe einen größeren Zuwachs der Dauerleistung als das gleiche Training in Meereshöhe.

Nach Durchsicht und Diskussion aller Erfahrungen und Ergebnisse kamen die Teilnehmer des Internationalen Symposiums über Wirkungen des Höhentrainings auf die Leistungsfähigkeit im Tiefland in St. Moritz 1970 zu folgenden zusammenfassenden Ergebnissen:

1. a) *Dauerleistungen* (mehr als 6 Min. Dauer)
   Es ist nach bisher vorliegenden Ergebnissen mit hoher Wahrscheinlichkeit anzunehmen, daß mit einem geeigneten Dauerleistungstraining in der Höhe durch die Hypoxie ein zusätzlicher Reiz gesetzt wird, wodurch die aerobe Kapazität erhöht und die Dauerleistungsfähigkeit im Tiefland verbessert wird.
   b) Dasselbe gilt auch für *mittellange Leistungen* von 1–6 Min. Dauer. Der Effekt hängt vom Anteil der aeroben Kapazität ab. Die bisherigen Untersuchungen lassen den Schluß zu, daß auch die anaerobe Kapazität zunimmt. Diese Frage bedarf jedoch noch weiterer Klärung.
   c) Der Beweis, daß auch *kurzdauernde Leistungen* (unter 1 Min.) im Tiefland durch ein Höhentraining verbessert werden können, ist noch nicht mit hinlänglicher Sicherheit erbracht.

2. Es liegen Hinweise und Erfahrungen vor, die dafür sprechen, daß auch für Sportler, die schon die Grenze ihrer individuellen Leistungsfähigkeit erreicht haben, eine weitere Leistungssteigerung durch Höhentraining möglich ist.
   Weitere exakte Untersuchungen dieser Kardinalfrage sind jedoch dringend erforderlich.

3. Die positive Wirkung des Höhentrainings hält bei ausreichender Dauer (siehe Ziff. 5) in optimaler Höhe mindestens 3 Wochen an.

4. Negative Readaptations-Reaktionen bei Rückkehr ins Tiefland können in einzelnen Fällen und in individuell verschiedener Form und Intensität auftreten.

5. In bezug auf die praktische *Gestaltung des Höhentrainings* ergeben sich hieraus folgende Konsequenzen:
   a) Die optimale Höhenlage wird mit 2300 m ü. M. ± 300 m angenommen.
   b) Die optimale Dauer des Trainings in der Höhe beträgt mindestens 3 Wochen, wenn möglich länger.
   c) Zwischen Höhentraining und Wettkampf im Tiefland empfiehlt sich, ein Zeitintervall von 3–4 Tagen einzuschalten, um negative Readaptations-Reaktionen (siehe Ziff. 4) aufzufangen. Die diesbezüglichen Erfahrungen sind widersprüchlich und deuten auf individuell starke Unterschiedlichkeiten hin.
   d) Die Frage, ob ein kontinuierliches oder diskontinuierliches (d. h. periodischer Wechsel von Training in der Höhe und im Tiefland, gemäß Vorschlag von Balke (1966)), Höhentraining vorzuziehen sei, kann z. Zt. noch nicht abschließend entschieden werden. Beide Systeme scheinen Vorteile zu bieten. Welches die größere Wirkung hat, muß noch abgeklärt werden.

9.4 Andere exogene Faktoren

Andere exogene Faktoren, die in Abhängigkeit von Art und Maß positive oder negative Einwirkungen auf Training, Trainierbarkeit und Leistung haben können, sind:

- Wetter- und Klimafaktoren, insbesondere Sonnenstrahlung u. a.,
- Luftzusammensetzung, Gehalt an Kohlenmonoxyd, Schwefel- und Stickoxyden, Bleiverbindungen, Staub u. a.,
- soziale Umwelt, harmonisches Zusammenleben – Konfliktsituationen,
- Wohnverhältnisse,
- berufliche Arbeit,
- Sexualleben,
- Genußmittelkonsum, Alkohol, Tabak u. a.,
- Pharmaka, Drogen u. a.

10 Übertraining – Subjektive Merkmale und objektive Kennzeichen

10.1 Ursachen

Jeder Organismus verträgt ein bestimmtes Höchstmaß an physischen und psychischen Beanspruchungen ohne negative Auswirkungen. Wenn die Gesamtbeanspruchung durch Training und Wettkämpfe übermäßig groß ist, kann ein *Übertrainingszustand* auftreten. Er resultiert aus einem *Mißverhältnis von Belastung und Belastbarkeit*. Je größer die Belastungen neben dem Training sind – durch berufliche Arbeit, Konfliktsituationen, Infektabwehr u. a. –, um so geringer muß das Trainingsmaß sein. Häufige bedingende (conditionale) Faktoren sind: zu schnelle Steigerung der Trainingsquantität, zu kleine Erholungspausen zwischen den Leistungs- bzw. Trainingseinheiten, zu häufige Beanspruchungen im Maximalbereich, berufliche Überforderung, soziale Konfliktsituationen, sexuelle Exzesse, Ernährungsfehler, Mißbrauch von Pharmaka, Alkohol, Nicotin u. a., Infekte, häufige exogene Schlafstörungen, Lärmbelästigung u. a.

10.2 Charakteristisch für eine Überbeanspruchung sind folgende subjektive Merkmale und objektive Kennzeichen

Subjektive Merkmale	*Objektive Kennzeichen*
Trainingsunlust	Leistungsabfall
Depressive Stimmung	Gewichtsabnahme
Reizbarkeit	Längere Erholungszeit
erhöhte Ermüdbarkeit	Ansteigen des systolischen Blutdrucks,
Schlafstörungen	der Herzschlagfrequenz,
Appetitlosigkeit	des Quotienten aus Herzvol./O_2-Puls$_{max}$
	des Atemäquivalents
	Absinken der Vitalkapazität
Beschwerden an Muskeln, Sehnen, Bändern, Knochen	Neigung zu Tendinosen, Periostosen, Muskelverletzungen

Ein Übertrainingszustand kann sich auf den Gesamtorganismus erstrecken oder aber auf lokal begrenzte Bereiche, z. B. den Bewegungsapparat, beschränkt sein. In Abhängigkeit von Quantität und Qualität des Trainings, von Konstitution und exogenen Faktoren ist die Symptomatik des Übertrainings unterschiedlich. Sie ist Ausdruck einer meist komplexen psychosomatischen Überlastungsstörung mit einem Überwiegen kataboler Stoffwechselprozesse. Von Israel sind sympathicotone und parasympathicotone (basedowoide bzw. addisonoide) Formen des Übertrainings beschrieben worden.
Es ist nicht leicht, einen beginnenden Übertrainingszustand mit Sicherheit zu erkennen. In jedem Falle ist eine genaue Beobachtung und kritische Beurteilung der auftretenden Symptome erforderlich. Erst das Auftreten von mehreren anamnestischen Daten, die ein Übermaß annehmen lassen, weisen auf einen Übertrainingszustand hin. Es muß versucht werden, deren Ursachen zu klären: ob sie durch Training und Wettkämpfe oder andere Faktoren bedingt werden. – Zu bedenken ist stets, daß bei beginnenden Erkrankungen, seelischen Konflikten wie auch Mängeln in der Ernährung u. a. gleiche oder ähnliche Symptome auftreten können.

10.3 Behebung

Im Falle eines erkannten oder auch nur wahrscheinlich vorhandenen Übertrainingszustandes muß
1. die Ursache bzw. die bedingenden Faktoren erkannt und behoben werden,
2. das Trainingsmaß (Intensität und/oder Dauer, und/oder Häufigkeit) herabgesetzt werden,
3. für eine kürzere oder längere Zeit eine Wettkampfpause eingelegt werden,
4. möglichst zum Ausgleich in anderer Form (andere Übungen, Sportarten), in anderer Umgebung (Wechsel von Trainingsstätten bzw. -gelände) und mehr spielerisch trainiert werden und
5. Erholung und Schlaf gefördert werden,
6. eine optimale Ernährung (vgl. 9.1) ggf. durch ergänzende Konzentratnahrung (Proteine, Kohlenhydrate, Vitamine, Mineralien) sichergestellt werden,
7. sollten zusätzliche regenerationsfördernde Maßnahmen wie Massagen, Bäder, u. a. angewendet werden.

10.4 Vorbeugung

Durch ein systematisches, alle übrigen Belastungen des Lebens berücksichtigendes, langsam aufbauendes Training kann das Auftreten eines Übertrainingszustandes vermieden werden. Ein vielseitiges, abwechslungsreiches Training wirkt ebenfalls einem Übertrainingszustand entgegen. Erforderlich sind: gesunde Lebensführung mit optimaler Ernährung, tägliche ausreichende Erholung und Entspannung, Vermeidung von Konflikten, von Exzessen aller Art wie übermäßigem Genußmittelkonsum u. a.

Die sichersten und am einfachsten durchzuführenden Maßnahmen zur Vermeidung oder zur rechtzeitigen Früherkennung eines Übertrainingszustandes sind:

1. Der Vergleich von *Trainingsmaß und Leistungsentwicklung*.

   Wenn durch weitere Steigerung des Trainingsmaßes keine Leistungssteigerung mehr eintritt, ist es zwecklos und gefährlich, die Trainingsquantität noch zu erhöhen.

2. Die tägliche Kontrolle der *Ruhepulsfrequenz* nach dem morgendlichen Erwachen (1 Minute zählen!).

   Steigt sie während mehrerer Tage an, ist Zurückhaltung im Training geboten.

3. Die tägliche *Gewichtskontrolle* morgens nach dem Aufsuchen der Toilette und vor dem Frühstück.

   Tritt ein auffallender Gewichtsverlust über mehrere Tage auf, so kann er durch einen beginnenden Übertrainingszustand bedingt sein. An andere Ursachen wie beginnende Krankheiten, erhöhte berufliche Beanspruchung, Konfliktsituationen u. a. ist stets zu denken.

11 Präventives Training

Training ist nicht nur wirksam zur Leistungssteigerung. Es hat auch große präventive Bedeutung in der technischen Zivilisation zur Erhaltung und Förderung von Gesundheit und Leistungsfähigkeit, zur Vorbeugung von Krankheiten, die die häufigsten in unserer Zeit geworden sind. Es sind Krankheiten, die überwiegend durch Mangel an Bewegung und körperlicher Arbeit sowie Überernährung bedingt werden.
Unsere moderne, technisierte Zivilisation hat den der Natur entwachsenen Menschen in eine völlig veränderte Umwelt gestellt. Maschinen nehmen ihm fast jede körperliche Arbeit ab, sogar die eigene Fortbewegung. Dafür ist er einer ständig zunehmenden nervösen Beanspruchung und Überbeanspruchung ausgesetzt.
Fehlende Funktion, widernatürlicher Mangel an Bewegung und Übung lassen Organe verkümmern (Inaktivitätsatrophie), leistungsschwach und in vieler Hinsicht auch morbide, krankheitsanfällig werden.

11.1 Wirkungen von Bewegungsmangel

Mangel an Bewegung führt zu einer fortschreitenden Verkümmerung und Leistungsschwäche des ganzen Organismus. Die körperlichen Verkümmerungserscheinungen wären weniger bedenklich, wenn sie nicht auch mit einer Neigung zu Dysfunktionen, zu Fehlregulationen und einer offenbar erhöhten Morbidität (für manche Krankheiten) verbunden wären.
An der *Muskulatur* finden wir eine zunehmende Inaktivitätsatrophie mit strukturellen und funktionellen Veränderungen, die zu einer fortschreitenden muskulären Leistungsschwäche führen. Die Rumpfmuskulatur wird unfähig, ihre natürlichen Haltefunktionen zu erfüllen. Es entwickeln sich *Haltungsschwächen, Haltungsfehler* und *Fehlentwicklungen* der Wirbelsäule. Diese Haltungsfehler sind nicht nur unschön, sondern sie lösen eine ganze Kette von weiteren Entwicklungs-, Gesundheits- und Leistungsstörungen aus. Es kommt zu Fehlentwicklungen des Thorax, der Lungen, der Kreislauforgane und des Beckens. In-

folge Fehlbelastung treten Abnutzungs- und Aufbrauchserscheinungen, besonders an den Wirbelgelenken, früher auf. Sie können die Arbeitsfähigkeit vermindern und zu Frühinvalidität führen.

Tabelle 7. Vergleichende Darstellung von Bewegungsmangel- und Trainingswirkungen

Bewegungsmangel		Training
Inaktivitätsatrophie		
Quotient: klein	$\dfrac{\text{Muskelgewicht}}{\text{Körpergewicht}}$	groß
Quotient: groß	$\dfrac{\text{Fettgewicht}}{\text{Körpergewicht}}$	klein
Quotient: groß	$\dfrac{\text{Last}}{\text{Kraft}}$	klein
klein	Capillarisierung der Muskulatur	groß
klein ($\approx$ 250–300 g)	Herzgewicht	groß ($\approx$ 400–500 g)
70–90/min	Herzschlagzahl	30–60/min
hoch	systolischer Druck	tief
groß	Herzarbeit	klein
klein	coronare O_2-Reserven	groß
klein	maximale Herzleistung	groß
klein ($\approx$ 2000–4000 ml) oft < 50 ml/kg	Vitalkapazität	groß ($\approx$ 4000–7000 ml) oft > 70 ml/kg
klein $\approx$ 2000–3000 ml O_2/min oft < 40 ml/kg	O_2-Kapazität	groß: $\approx$ 5000–6000 ml O_2/min oft > 70 ml/kg
klein ($\approx$ 5 l)	Blutvolumen	groß ($\approx$ 6–7 l)
klein	O_2-Transportkapazität des Blutes	groß
ergotrop-adrenergisch klein	vegetative Regulation adrenocorticale Reserven	trophotrop-cholinergisch groß
größer	Ermüdbarkeit	kleiner
langsamer	Erholung	schneller
klein	Leistungsreserven	groß
schneller	Leistungsabfall im Alter	langsamer

Infolge Verkümmerung und funktioneller Schwäche der Fuß- und Wadenmuskulatur sowie des Band- und Knochenapparates der Füße können ihre natürlichen Gewölbefunktionen gegen die zunehmende Körperlast nicht mehr aufrechterhalten werden. Es entstehen die so häufigen *Senkfuß*beschwerden, die Wohlbefinden und Leistungsfähigkeit vieler Menschen erheblich reduzieren.

Die zunehmende *Mangelcapillarisierung* untrainierter Gewebe führt zu einer Verminderung der O_2-Ausnutzung des Blutes. Vergleichende Untersuchungen mit trainierten Menschen haben das gezeigt. Mangelcapillarisierung und verminderte O_2-Ausnutzung des Blutes fördern die fortschreitende Altershypoxie der Gewebe.

Es ist auf Grund vergleichender Untersuchungen wahrscheinlich, daß eine latente Leistungshypoxie bei Bewegungsmangelkrankheiten auch durch eine Mangel-Erythropoese mit Verminderung der Erythrocyten, der Hämoglobinmenge und der O_2-Transportkapazität des Blutes bewirkt wird.

Mangel an Bewegung führt im Vergleich mit den großen Leistungsherzen zur Entwicklung einer leistungsschwachen, morbiden Zivilisationsform des Herzens. Sie wurde von dem amerikanischen Cardiologen Raab, 1957 zu Recht als „Loafer's Heart", bezeichnet. Im deutschen Sprachraum wird von „Büroherzen" oder „Schreibtischherzen" gesprochen. Wir finden solche kleinen Herzen auch bei unseren in Ställen lebenden Haustieren im Vergleich mit deren Wildformen.

Große Herzvolumina ermöglichen eine ökonomische, O_2-sparende Volumenarbeit des Herzens und eine beträchtliche Vergrößerung der cardialen und körperlichen Leistungsreserven. Das kleine Büroherz ist demgegenüber gezwungen, ständig eine unökonomische, viel O_2-verbrauchende Frequenzarbeit zu leisten. Die coronaren Reserven sind dabei mehr oder weniger reduziert – und der Weg zur coronaren Insuffizienz ist weniger weit.

Die Neubildung von *Kollateralen* nach Drosselung einer Coronararterie war nach Untersuchungen von Eckstein, 1957, Schaper, 1971 u.a. bei untrainierten Tieren wesentlich geringer als bei trainierten. Bei Menschen mit trainierten Herzen kommen Anzeichen von *coronarer Hypoxie* und Herzinfarkte – von seltenen Ausnahmen abgesehen – selbst nach extremen sportlichen Beanspruchungen nicht vor.

Dagegen sind Angina pectoris, Coronarinsuffizienz und früher Herzinfarkt bei Menschen mit kleinen Büroherzen sehr häufige Leiden. So wie diese Menschen schon bei kleinen Anstrengungen Atemnot bekommen – so neigen auch ihre Herzen zur „Sauerstoffnot".

Mangel an körperlichem Training führt zu einer Verminderung der O_2-Kapazität und Leistungsfähigkeit des ganzen Organismus – mit einer Minderung der Coronarreserven und einer erhöhten Hypoxiegefährdung des Herzens. Wegen des Mangels an Bewegung, an körperlicher Arbeit und Übung in unserer technisierten Zivilisation ist die Coronarinsuffizienz eine der häufigsten Erkrankungen unserer Zeit geworden. Bei Menschen, die regelmäßig Sport in Ausdauerform treiben, ist

sie, wie die Erfahrungen der sportärztlichen Beratungsstellen zeigen, sehr selten.
In gründlichen statistischen Studien an einem sehr großen Untersuchungsgut hat Morris (1954) eine umgekehrte Proportionalität zwischen dem Maß körperlicher Arbeit im Beruf und der Mortalität durch *Coronarerkrankungen* nachgewiesen. Die geringste coronare Mortalität fand sich in den Berufen, die mit körperlicher Schwerarbeit verbunden sind. Die Häufigkeit von Coronartodesfällen bei Büroarbeitern war 3–4 mal so hoch. Gleiche Beobachtungen sind von Luongo, 1956, Brunner, 1966, Paffenberger et al., 1975 und anderen gemacht worden. Nicht harte körperliche Arbeit schädigt die Coronarien und das Herz, sondern der Mangel an körperlicher Arbeit.
Auch vermehrte Adrenalin- und Noradrenalinbildung bei mehr sympathikoton-regulierenden, untrainierten Menschen kann – nach Untersuchungen von Raab, 1957 den O_2-Haushalt des Myokards gefährden und hypoxische Zustände bewirken.
Die erhebliche Verlängerung der Diastole durch Training ist von großer Bedeutung für die Ernährungsverhältnisse des Myokards, besonders des alternden Myokards. Je länger die Diastole ist, um so bessere zeitliche Verhältnisse bestehen für die O_2-Versorgung des Herzmuskels. Eine fortschreitende Diastolenverkürzung bei zunehmendem Trainingsverlust hat negative Auswirkungen auf die O_2-Versorgungsbedingungen des Myokards.
Bei einem nicht geringen Prozentsatz der *hypertonen Regulationsstörungen* kann körperlicher Trainingsmangel ein wesentlicher bedingender Faktor sein. Körperliches Training wirkt sehr wahrscheinlich hemmend, wirkt präventiv gegen den unphysiologischen Anstieg der arteriellen Druckwerte (vgl. Abb. 15). Sportverbot ist bei den essentiellen Hypertonieformen jüngerer bis mittelaltriger Menschen kontraindiziert. Leichtes bis mittleres Dauertraining sind viel mehr für diese Fälle ein vorzügliches, präventiv und rehabilitiv wirkendes Mittel.
Bei geringerer cardialer Druck- und Volumenarbeit des Trainierten ist die *Herzarbeit* in 24 Stunden wesentlich verringert – auch noch bei einer Stunde Training täglich. Die Herzen von Büromenschen müssen täglich mehrere tausend mkp, im Laufe eines Jahres > 1 Million mkp, im Laufe eines Lebens > 50 Millionen mkp an Herzarbeit mehr leisten. Vermehrte und frühere Abnutzungs- und Aufbrauchserscheinungen des Kreislaufs bei größerer Druckarbeit des Herzens sind anzunehmen.
So ist es nicht überraschend, daß vermehrte, degenerative Kreislaufschäden nicht bei den alten Hochleistungssportlern und auch nicht bei den Schwerarbeitern, dagegen besonders in Berufen mit fehlender

körperlicher Arbeit gefunden werden (Wiele, 1952). Training hilft Herzarbeit sparen, schont das Herz. Trainingsmangel führt zu einem Ökonomieverlust der Kreislaufarbeit, zu vermehrter Herzarbeit und fördert die Entstehung frühzeitiger Abnutzungs- und Aufbrauchsveränderungen des Kreislaufs.

Gewiß ist körperliches Training nur ein bedingender präventiver Faktor neben zahlreichen anderen, aber ein sehr wirksamer. – Mit genügender Begründung ist zu sagen: Herz und Kreislauf brauchen ein gewisses Trainingsmaß, um länger leistungsfähig und gesund zu bleiben.

Mangel an Bewegung und Leibesübung führt auch zu einer Inaktivitätsatrophie und *Leistungsschwäche des Atmungssystems.* Vitalkapazität, maximales Atemminutenvolumen und maximale O_2-Aufnahme sinken ab (vgl. Abb. 20).

In Verbindung mit der verminderten Herz- und Kreislaufleistung, der verminderten O_2-Transportkapazität des Blutes und der peripheren Mangelcapillarisierung werden die O_2-Versorgungsbedingungen des Organismus wesentlich reduziert. Von dem Maß der O_2-Versorgung der Gewebe ist aber ihre Leistungsfähigkeit und auch ihre Gesundheit wesentlich abhängig.

Körperliches Training bewirkt eine Hypertrophie und sehr wahrscheinlich eine Steigerung der hormonalen Reserven und biochemischen Kapazität des NNR (Abb. 23–27). Ihre relative Unterentwicklung bei körperlicher Arbeit und Training entwöhnten Menschen vermindert die allgemeine Adaptationsfähigkeit und kann bei manchen Leistungs- und Gesundheitsstörungen eine Rolle spielen.

Durch Mangel an körperlichem Training wird auch die Regulationsbreite des *vegetativen Systems,* von der Anpassungsfähigkeit, Widerstandsfähigkeit und Gesundheit in hohem Maße abhängen, vermindert. Es bildet sich eine überwiegend ergotrope Einstellung des Vegetativums aus, die sich ungünstig auf Erholungsfähigkeit, Schlaf und Verdauung auswirkt. Auch aus diesem Grunde gehören Schlaf- und Verdauungsstörungen mit zu den häufigsten Beschwerden des zivilisierten Menschen unserer Zeit.

Mangel an Bewegung und oft überreichliche Ernährung führen heute häufig zu einer Fettheit (Mast-Adipositas), die Wohlbefinden und Gesundheit gefährden und die Lebenserwartung herabsetzen. Bewegung und Training ist ein natürliches Mittel dagegen. Wirksam ist weniger der Kalorienverbrauch, mehr wahrscheinlich das Training der auf Homöostase, Erhaltung des Stoffwechselgleichgewichts, gerichteten Funktionen des Diencephalons, der endokrinen Drüsen und des vegetativen Systems.

11.2 Bewegungsmangelkrankheiten

Durch Mangel an Funktion, an körperlicher Bewegung, Arbeit und Training ist eine neue, immer häufiger auftretende Art von Mangelkrankheiten entstanden. Sie sind mit Recht von Krauss (1961), Professor für Rehabilitation in New York, als „hypokinetic diseases", als Bewegungsmangelkrankheiten, bezeichnet worden. Sie bewirken einen ganzen Komplex von funktionellen sowie organischen Veränderungen und Krankheitssymptomen, die an fast allen Organen erkennbar werden. Gewiß werden sie nicht nur durch eine Ursache, den Bewegungsmangel, ausgelöst, sondern durch eine Vielzahl von conditionalen pathogenetischen Faktoren wie Über- und Fehlernährung, nervöse Überreizung, Rauchsucht u. a. mitbedingt und modifiziert.
Welches sind die Krankheiten, für die Bewegungsmangel mit genügender Begründung als wesentlicher pathogenetischer bedingender Faktor angesehen werden kann?

Es gehören hierzu:

1. Die so häufigen Regulationsstörungen des Kreislaufs,
2. manche Formen der Hypertonie,
3. vielleicht die Arteriosklerose und Atherosklerose (es spricht sehr viel mehr dafür als dagegen),
4. die Coronarinsuffizienz und der Herzinfarkt,
5. die vegetativen Dystonien,
6. die Fettsucht (Mast-Adipositas) – durch Bewegungsmangel bei relativer Überernährung,
7. die so häufigen Haltungsfehler und Haltungsschäden am Knochen-, Band- und Muskelapparat der Wirbelsäule und ihre Auswirkungen auf den gesamten übrigen Organismus,
8. schließlich manche geriatrischen Erkrankungen, die durch eine vorzeitige funktionelle Organschwäche gekennzeichnet sind.

Häufige *Frühsymptome* und allgemeine Klagen sind:
Atemnot, schon bei kleinen körperlichen Anstrengungen,
verminderte Leistungsfähigkeit, schnelle Ermüdbarkeit,
Herzschmerzen, Schwindelgefühl, kalte Extremitäten,
Kopfschmerzen,
Mangel an Initiative, Konzentrationsschwäche, Nervosität (bei mäßiger Condition und Störungen des psychosomatischen Gleichgewichts),
Neigung zu Obstipationen (b. ergotroper Einstellung des Vegetativums),

Rückenschmerzen als Folge von Insuffizienz des Halteapparates, Schlafstörungen und
zu frühe Altersschwäche, Berufs- und Erwerbsunfähigkeit.

Tabelle 8. Wirkungen von Bewegungsmangel auf Leistung und Gesundheit

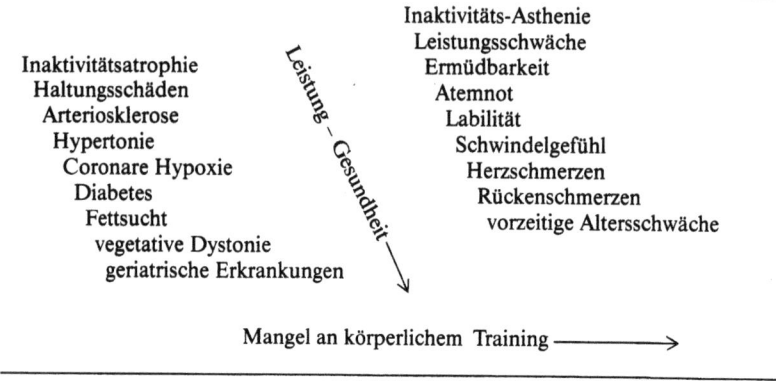

11.3 Folgen

Es läßt sich aus den vorliegenden Krankenstatistiken annehmen, daß diese Krankheiten und ihre Frühsymptome einen sehr großen Prozentsatz des Krankengutes der praktischen Ärzte und der Kliniken ausmachen! Und mit aus diesen Ursachen
– sind viele Millionen Menschen ungesund, nicht voll leistungsfähig oder krank und sterben vorzeitig,
– müssen mehr als 500 000 Krankenhausbetten im Bundesgebiet und Westberlin unterhalten werden,
– steigt die Krankenversicherungsbelastung des Einzelnen ständig seit Jahrzehnten,
– müssen in jedem Jahr mehr als ca. 50 Milliarden DM für zum großen Teil vermeidbare Krankheiten und Leistungsminderung aufgewandt werden,
– wird ein sehr hoher, zunehmender Prozentsatz aller Erwerbstätigen vorzeitig invalide,
– nehmen die sozialen Lasten unseres Staates ständig zu.

Es ist fraglich, ob wir auf die Dauer reich genug sein werden, uns diesen krankhaften Luxus leisten zu können, und ob wir auf die Dauer noch stark genug sein werden, die ständig wachsenden Lasten tragen zu können.

Wir haben heute eine vorzügliche Arbeitsgesetzgebung, die gegen das Übermaß an körperlichen, beruflichen Anstrengungen schützt. Aber es gibt nur unzureichende Gesetze und Maßnahmen gegen das viel größere Ausmaß an Schädigungen, an „passiven Verstümmelungen", die durch Mangel an körperlicher Arbeit und Sport in unserer technisierten Zivilisation entstehen.

11.4 Präventive Maßnahmen

Jedes Kind, jeder junge Mensch muß schon im Kindergarten und in der Schule beginnend zur Freude an der Bewegung, zu rechter Lust an körperlicher Anstrengung und gesunder Lebensführung erzogen werden. Wir brauchen mehr und bessere Leibes- und Gesundheitserziehung in den Schulen!

Jeder Einzelne muß lernen, sich „fit", „in Form", sich gesund und leistungsfähig zu erhalten.

Die *öffentliche Aufklärungsarbeit* über die Bedeutung von Training und Sport für die körperliche Entwicklung, Leistungsfähigkeit und Gesundheit ist weiter zu fördern.

Mehr kleine Spiel- und Sportplätze, die jedermann, zu jeder Zeit, in jedem Häuserblock zur Verfügung stehen, müssen hierfür geschaffen werden. Die Kosten hierfür werden vielfach an Aufwand für Krankenhäuser, Sanatorien und Apotheken eingespart werden können.

Die Ärzte müssen zunächst einmal sich selbst und ihre Patienten mehr zu regelmäßigem Training und gesunder Lebensführung erziehen. Mehr tägliche Bewegung und körperliches Training ist zu verordnen! Als Mittel der Prävention und Rehabilitation sind sie in richtiger Dosierung in ihrem Indikationsbereich wirksamer, unschädlicher und billiger als eine Unzahl von nur symptomatischen und prothetischen Mitteln.

Die Ärzte dieser Zeit müssen mehr als bisher Erzieher zu präventivem und rehabilitivem Training und gesunder Lebensführung werden. Sie müssen ihren Patienten helfen, sich selbst zu helfen durch Training des Leibes und seiner Kräfte.

Im Grunde ist praktische präventive Medizin in unserer technisierten Zivilisation ganz überwiegend *Erziehungsarbeit.* Sie ist Erziehung zu einer Lebensweise, in der sportliches Training und gesunde Lebensführung Lebensgewohnheit sind. Ein wesentliches pädagogisches Prinzip ist immer noch das eigene Beispiel – des Arztes und des Leibeserziehers.

Präventive Medizin kann nicht wirksam werden ohne Selbstbeteiligung jedes einzelnen.
Sie fordert:

- Eigene Initiative zu täglicher mäßiger körperlicher Anstrengung, weise Zurückhaltung und Gelassenheit gegen die nervösen Überforderungen in unserer technisierten Zivilisation,
- Pflege der vielfach verkümmerten Neigungen und Fähigkeiten zu Beschaulichkeit, Entspannung, Erholung, Schlaf und
- ein gewisses Maß an freiwilliger Selbstdisziplin gegenüber den Verlockungen der Nahrungs- und Genußmittelindustrie.

Träger der präventiven Medizin sind auch viele *Sportvereine,* denen in der Bundesrepublik und in West-Berlin mehr als 18 Millionen Menschen angehören. Aber es muß mehr noch eine Förderung des fröhlichen Gesundheitssports für jedermann erfolgen.
Es müssen auch Mittel und Wege gefunden werden, die *Freizeit-* und *Erholungsprogramme* für jedermann mehr als bisher zu intensivieren. Ihre Attraktivität muß gesteigert werden! Attraktiv ist, was Spaß, was Freude macht!
Fitness-Clubs sind zu gründen, in denen man gemeinsam etwas zur Erhaltung und Förderung von Herz-Gesundheit und Leistungsfähigkeit tut. Die Mitglieder sollten sich zur Einhaltung bestimmter Lebensregeln, auch im Sinne der präventiven Medizin, freiwillig verpflichten.
An den *Universitäten* sind die Studenten der Leibeserziehung so auszubilden, daß sie in den Schulen die Aufgaben der Gesundheitserziehung erfüllen können. In der Ausbildung der Ärzte sollten die Belange der präventiven Medizin mehr berücksichtigt werden, als es bisher geschieht. Die Kreislaufschäden unserer Zeit können nicht allein durch therapeutische Kenntnisse – auch nicht durch eine weitere Steigerung der Produktion der pharmazeutischen Industrie – erfolgreich bekämpft werden. Präventiven Maßnahmen muß in Theorie und Praxis mehr Raum gegeben werden.
Auch die *Krankenkassen* erkennen allmählich mehr die Notwendigkeit, gesundheitserzieherische präventiv-medizinische Aufgaben zu erfüllen. Viele Kosten, die für kurative Zwecke ausgegeben werden müssen, können gespart werden. Nur durch stärkere Förderung präventiver Maßnahmen kann das ständige Ansteigen der prozentualen Krankenkassenbeiträge in den letzten sechs Jahrzehnten aufgehalten und wieder rückläufig werden.
Ebenso muß es Aufgabe der *Gesundheitsämter* sein, Erziehungsarbeit im Sinne der präventiven Medizin anzuregen, zu fördern und selbst durchzuführen. Es ist ein Aufgabengebiet, das heute mindestens eben-

so wichtig ist wie Durchführung von Impfungen und Maßnahmen der Krebsvorsorge. Wirksamere Aufklärung über die gesundheitlichen Gefahren von Überernährung, Bewegungsmangel, Erholungsmangel und Rauchsucht für Herz und Kreislauf ist nötig.

Mehr Menschen werden heute alt – durch die Errungenschaften der modernen Medizin. Aber sie läßt uns einem *Alter* entgegengehen, in dem uns frühe Invalidität und eine Vielzahl von Alterskrankheiten erwarten. Zu viele gehen einem Alter entgegen, in dem sie sich selbst und anderen zur Last fallen.

Es ist der Medizin nach einer Formulierung der amerikanischen Gesellschaft für Gerontologie wohl gelungen „to add years to life". Doch ist es ihr bisher nur recht wenig gelungen „to add life to years", den Jahren Leben, Gesundheit und Leistungsfähigkeit hinzuzufügen.

Gewiß haben die Mittel, die uns die pharmazeutische Industrie zur Verfügung stellt, segensvolle Wirkungen und können viele Beschwerden des Alters lindern. Doch erwecken sie auch manche trügerischen Hoffnungen und sie erziehen zu einer gefährlichen Passivität hinsichtlich der eigenen aktiven Erhaltung und Förderung von Gesundheit und Leistungsfähigkeit.

Auch in dem ätiologischen Komplex vieler sogenannter Alterskrankheiten und Leiden spielt sicher die Hypokinese, der Mangel an körperlicher Bewegung und Leistung, eine nicht unwesentliche Rolle. Die zunehmende Leistungsschwäche des Körpers und seiner Organe ist ein sehr wesentliches, vielleicht das charakteristischste Symptom des Alterns. Aber das Ausmaß der Leistungsschwäche ist sehr oft viel weniger durch die natürlichen Alterungsprozesse, sondern mehr durch den Mangel an Training bedingt.

Auch der alternde Organismus ist noch trainierbar, wenn auch in geringerem Maße als der des jugendlichen Menschen. Es besteht nur ein gradueller, kein prinzipieller Unterschied. Der alternde Mensch braucht ebenfalls noch ein gewisses Maß an körperlichem Training, um länger leistungsfähig und gesund zu bleiben. Zwar ist der physische Leistungsabfall im Alter naturgesetzlich und schicksalhaft – doch Grad und Maß können und sollen wir beeinflussen: durch altersgemäßes Training und gesunde Lebensführung (Vergl. hierzu Kap. 8.1).

11.5 Präventives Training

1. *Qualität.* Ausdauertraining in Dauer- oder Intervallform ist anzuwenden. Es fördert die oxydative Kapazität des Organismus (maximale O_2-Aufnahme) und hat präventive Wirkungen auf das cardio-

pulmonale, vegetative, endokrine System u.a. Eine Dosis Krafttraining sowie einige Übungen zur Förderung der allgemeinen körperlichen Fitness gehören zudem in ein tägliches Trainingsprogramm.

2. *Quantität.* Die *Intensität* soll 60–90% der 10 Minuten-Maximalleistung betragen. Das entspricht einer Steigerung der HF um 60–90 Schläge bei 20–30jährigen Menschen. Nach dem 30. Lebensjahr sind pro Dekade von der Leistungs-HF 10 Pulse abzuziehen (z. B. 50 J.: Steigerung der HF um 40–70 von z. B. 70 auf 110–140/min).

Als *Faustregel* kann gelten:
Es ist zu trainieren mit einer HF von
    170 minus Lebensalter in Jahren.
Bei biologisch Jüngeren und Trainierten mit
    180 minus Lebensalter in Jahren.
Eine Grenzfrequenz soll nicht überschritten werden von
    200 minus Lebensalter in Jahren.

Die HF pro Minute ist zu messen durch Zählen des Pulses während einer Zeit von 6 oder 10 Sekunden (und Multiplikation mit 10 bzw. 6) während oder unmittelbar nach der Leistung. Bei längerer Zähldauer nach der Leistung wird eine zu niedrige HF bestimmt, weil sie in der Erholungsphase schnell abfällt.

Dauer: 10 Minuten, 1–3 ×
           + 1–3 Minuten Krafttraining + körperbildende Übungen
Häufigkeit: möglichst tägliches Training,
           evtl. 3 × wöchentlich 20–30 Minuten.

3. *Praktische Trainingshinweise.* Es gibt viele hundert mögliche Formen und Geräte für präventives Training. Sie sind je nach Neigung, Eignung und äußeren Gegebenheiten anzuwenden.
Als Trainingsplatz genügen 2 qm (!) in einem Wohnraum, Garten u. a. Geeignete Trainingsformen sind u. a.:
- Gehen, Laufen, Radfahren, Schwimmen, Rudern, Skilanglauf u. a.,
- Laufen, Springen (z. B. Seilspringen) auf der Stelle,
- Training mit verschiedenen Heimgeräten, z. B. Rudergerät, Baligerät u. a.,
- angewandtes Training in Form körperlicher Arbeit, z. B. Rasenmähen, Graben u. a.,
- Krafttraining (in statischer oder dynamischer Form) + körperbildende Übungen ohne u. mit Partner,
- Spiele (evtl. in kleinen Gruppen, in der Familie u. a.) wie Fußball, Handball, Basketball, Volleyball u. a.

12 Rehabilitives Training

Bei und nach vielen Erkrankungen ist Training in richtiger Indikationsstellung und Dosierung ein geeignetes Mittel zur Rehabilitation, zur Wiederherstellung der Leistungsfähigkeit und Lebenstüchtigkeit. Dies gilt besonders für die neuen Mangelerkrankungen, die durch Mangel an Bewegung, körperlicher Arbeit und Überernährung u.a. bedingt werden (11.2). In seinem Bereich ist rehabilitives Training wirksamer und bei richtiger Dosierung unschädlicher als eine Vielzahl von nur prothetisch und symptomatisch wirkenden Mitteln (s. Tabellen 10, 11, 12, 13) (Abb. 72, 73).

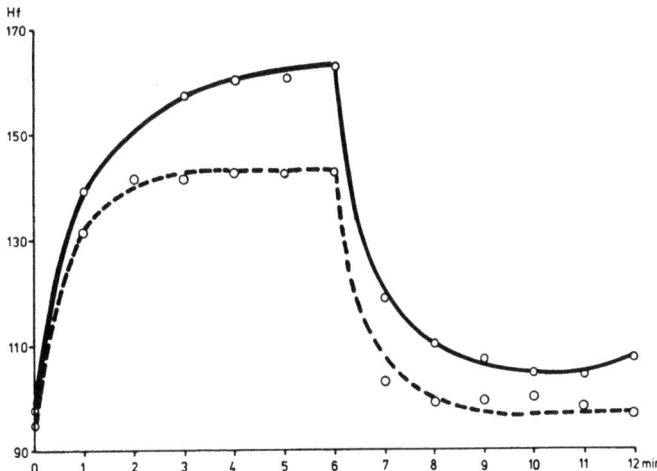

Abb. 72. Mittlere Abnahme der Leistungs- und Erholungsherzschlagfrequenz bei einer Leistung von 1 Watt/kg Körpergewicht am Handkurbelergometer bei einer Gruppe von 12 Rehabilitanden (Status post operationem nach Mitralstenose, Aortenklappenstenose, Pulmonalstenose, Vorhofseptumdefekt). Trainingsdauer 6–10 Wochen, 16–31 Trainingstage, Intervalltraining 30 bis 100 Watt ansteigend (nach Smodlaka et al., 1962)

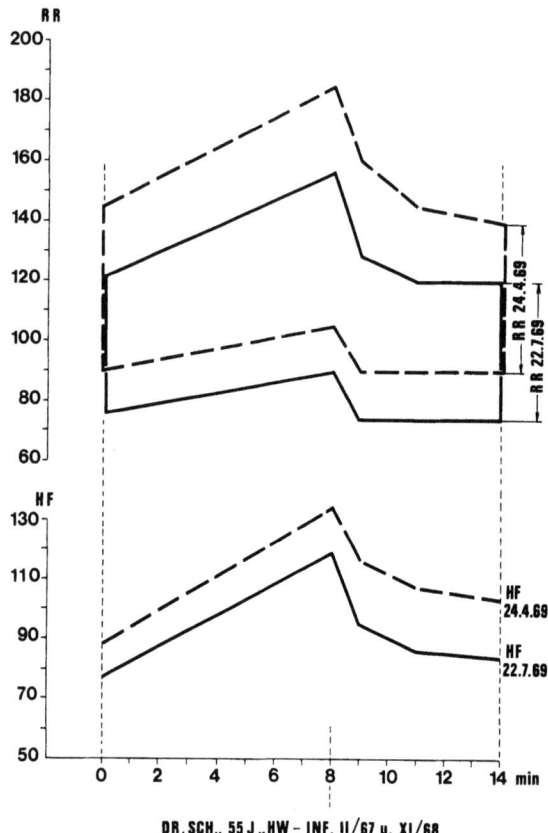

Abb. 73. Abfall der arteriellen Druckwerte und der Herzschlagfrequenz (während und nach gleicher ergometrischer Leistung, Stufen von 10 Watt/1 Minute) nach einem rehabilitiven Training von 3 Monaten Dauer. Zunahme der cardio-corporalen Arbeitsökonomie und der Leistungsreserven (Weidener, 1972)

12.1 Indikationen

Zu den Indikationen für dosiertes rehabilitives Training gehören:
1. Regulationsstörungen des Kreislaufs,
2. manche Formen der Hypertonie,
3. coronare und periphere Durchblutungsstörungen,
4. Herzinfarkt (Wochen bis Monate post Infarkt),
5. vegetative Dystonien,
6. Fettsucht (Mast-Adipositas),
7. Diabetes mellitus,

8. Haltungsschwächen, Haltungsfehler und Haltungsschäden am Knochen-, Band- und Muskelapparat der Wirbelsäule,
9. viele orthopädische und neurologische Erkrankungen und Leiden,
10. geriatrische Erkrankungen, die durch eine vorzeitige Organschwäche und Leistungshypoxie der Gewebe gekennzeichnet sind. Postoperative Wiederherstellung der Leistung u. a.

12.2 Kontraindikationen

1. Akute und chronische Infekte,
2. cardiale Ruheinsuffizienz und hochgradige Leistungsinsuffizienz mit einem geringen Leistungsrest von $< \approx 30$ Watt verschiedener Ätiologie,
3. hochgradige Coronarinsuffizienz mit subjektiven und elektrokardiographischen Anzeichen schon bei körperlichen Leistungen von ≈ 30 Watt,
4. Störungen der Reizbildung, die während der Leistung nicht verschwinden oder auftreten (Polytope Extrasystolen u. a.),
   Störungen der Erregungsleitung, die schon bei kleinen Leistungen von $< \approx 50$ Watt auftreten.
5. Herzinfarkt und Postinfarkt, Tage bis Wochen, doch frühe Mobilisation,
6. hochgradige fixierte Hypertonien ($> \approx 200/120$ mmHg),
7. apoplektischer Insult, Wochen bis Monate,
8. post operationem, Tage bis Wochen,
9. Trauma und Wundheilung, Tage bis Wochen,
10. andere schwere Erkrankungen und Leiden, Thrombosen, Aneurysmen u. a.

12.3 Dosierung rehabilitiven Trainings

Voraussetzung hierfür ist die ergometrische Messung bzw. Bestimmung der körperlichen oder organischen Leistungsgrenzen (siehe Ergometrie[1]). Geeignet sind hierfür:

1. *Die ergometrisch-elektrocardiographische Bestimmung der cardio-corporalen Leistungsgrenzen (Ergo-EKG).*

---
[1] Urban & Schwarzenberg, 3. Aufl., München-Berlin, 1979

Methodik:
Die Messung wird bei *Fußkurbelarbeit im Liegen oder Sitzen* durchgeführt.

Ableitungen: V_1–V_6 oder V_2, V_4, V_6 und/oder Nehb.

Stufen: 10 Watt/1 Minute ⎫
25 Watt/2 Minuten ⎭ Ergebnisse übereinstimmend

Beginn mit 25 Watt oder 30 Watt oder 50 Watt.
Längere Dauer in den einzelnen Stufen gibt keine differierenden Ergebnisse (Zerdick, 1970).
EKG-Registrierung in den 10 letzten Sekunden jeder Minute.

Beurteilung: Die *Leistungsgrenze* ist erreicht:
a) bei Auftreten von *pathologischen EKG-Veränderungen* wie S-T-Senkungen (horizontal bzw. descendierend von > 0,2 mV),
Auftreten von Störungen der Reizbildung und Erregungsleitung, wie Schenkelblocks u. a.
b) bei inadäquatem bis fehlendem Anstieg von HF und RR
c) bei Eintritt in den altersabhängigen
Maximalbereich der Herzschlagfrequenz, entsprechend den Empfehlungen des Rehabilitation Council der International Society of Cardiology.

Alter	*maximale Hf*
< 20 Jahre	180
20–30 Jahre	170
30–40 Jahre	160
40–50 Jahre	150
50–60 Jahre	140
60–70 Jahre	130

Als einfache praktische Regel kann gelten: Der Maximalbereich beginnt bei einer HF von 200 minus Lebensalter (Ausnahme: Coronarpatienten).
d) bei Eintritt in den altersabhängigen
Maximalbereich des systolischen Druckes von ≈ 200–250 mm Hg. Je älter (biologisch) und sklerosierter der Patient ist, um so kleinere systolische Maximaldrucke sind indiziert
e) bei einem respiratorischen Quotienten von ≈ 1
f) bei erheblichen *subjektiven Beschwerden* des Patienten wie Stenocardie (vorher meist S-T-Senkungen), Dyspnoe (mit hohem Atemäquivalent > 30 ml), Wadenschmerz u. a.

2. Die Bestimmung der PWC_{170}
(kann aus den ergometrischen Stufen-EKG's der unter 1. beschriebenen Methode erfolgen).

Methodik:
Die HF (Leistungsstufen 10 Watt/1 Minute ⎫ Die Ergebnisse sind
                                  25 Watt/2 Minuten ⎬ annähernd identisch
                                1 Watt/kg/3 Minuten ⎭ (Franz, 1972)
wird zwischen der 50. und 60. Sekunde der letzten Minute jeder Leistungsstufe gemessen.
Die gemessenen HF werden in ein Koordinatensystem eingetragen (s. Abb. 74). Die 2, 3, 4 oder 5 Meßpunkte können bei gesetzmäßigem linearem Anstieg durch eine Gerade verbunden werden. Ihre Verlängerung schneidet die Ordinate der HF 170 in einem Punkt, der auf der Abzisse die Leistung der PWC_{170} angibt (PWC = Pulse Working Capacity).

Beurteilung der PWC_{170}
Normalwerte sind für Männer 2,6 Watt/kg (s = 0,3 Watt) s. Abb. 75.
                  Frauen 2,3 Watt/kg (s = 0,3 Watt).

Bei wirksamem rehabilitivem Training nimmt die absolute PWC_{170} (in Watt) und die relative PWC_{170} (in Watt/kg Körpergewicht) zu. In der

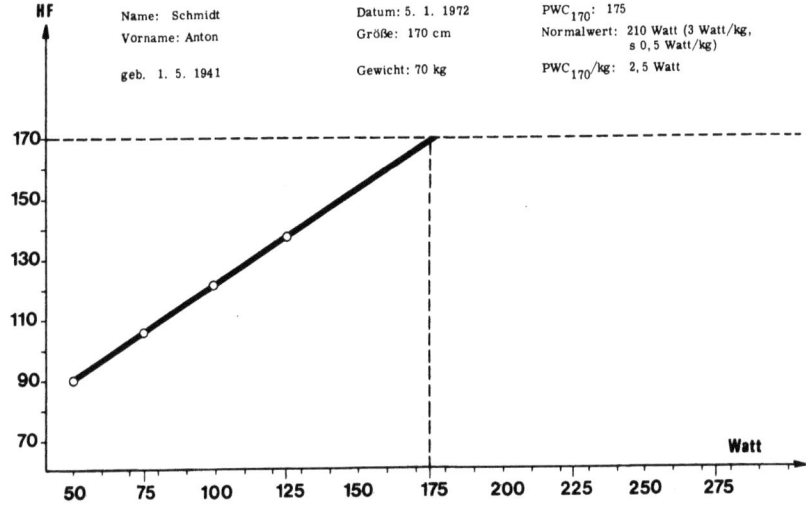

Abb. 74. Beispiel für die Bestimmung der PWC_{170} in Stufen von 25 Watt/2 Min. Dauer

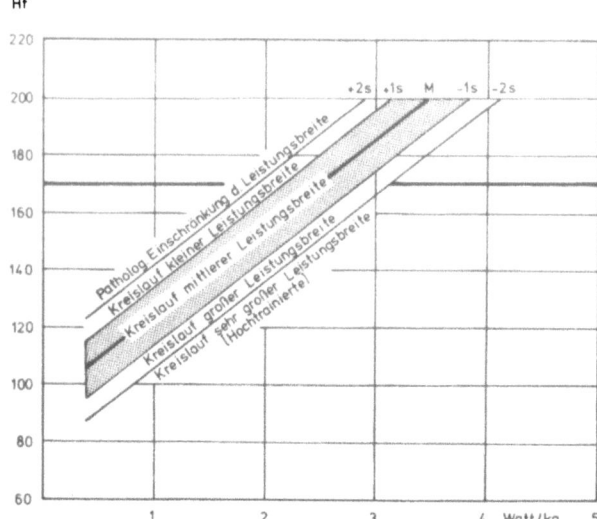

Abb. 75. Mittelwerte und Standardabweichungen der HF bei ansteigenden Leistungen von 1 Watt/kg und 2 Watt/kg von je 3 Minuten Dauer von hundert 20–30jährigen untrainierten Männern (Dransfeld u. Mellerowicz, 1957).
Bei Leistungsstufen von 10 Watt/1 min oder 25 Watt/2 min ergeben sich nach vergleichenden Untersuchungen von Franz (1972) keine signifikanten Unterschiede bei der Bestimmung der PWC_{170}

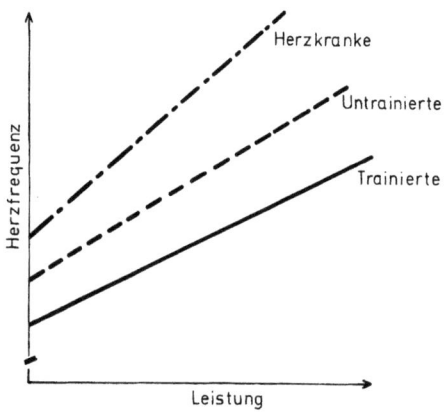

Abb. 76. Die Herzschlagfrequenz während linear ansteigender Leistung bei (Dauer-)-Trainierten, Untrainierten und Herzkranken (schematisch nach Mellerowicz)

vergleichenden graphischen Darstellung wird erkennbar, daß der lineare Anstieg der HF weniger steil verläuft (s. Abb. 76).

Für biologisch ältere Menschen (kalendarisch > 40–50 Jahre) ist die PWC_{170} eine theoretische Größe, weil mit zunehmendem Alter die maximalen HF abnehmen. Schematisiert nimmt nach der Definition des Rehabilitation Council der International Society for Cardiology die maximale HF pro Dekade etwa um 10 Herzschläge/min ab.

Für die Beurteilung ist wesentlich zu wissen: mit fortschreitendem Alter nimmt zwar die maximale HF, jedoch nicht die (theoretische) PWC_{170} ab. Auch für ältere gesunde Männer gilt noch der Mittelwert der PWC_{170} von 2,6 Watt $\pm$ 0,3 Watt/kg.

3. *Andere Methoden*
- Bei *1 Watt/1 kg* (6 Minuten)
  Messung der HF (evtl. + EKG + RR + O_2 + RQ) (Vergl. Abb. 77) zur orientierenden Beurteilung der cardio-corporalen Leistungsbreite, zur vergleichenden Beurteilung und Objektivierung des Rehabilitationserfolges (Abb. 78)
- *Maximale O_2-Aufnahme*
  Indirekte Methode aus der steady-state-HF n. Astrand (s. Tabelle 9). Direkte „Vita-maxima-Methode" in Stufen von 10, 25 Watt von 1 bzw. 2 Minuten Dauer entsprechend Alter und Leistungsbreite. Die Kriterien der Leistungsgrenze entsprechend der 1. Methode.
  Absolute Kontraindikationen s. 12.2.

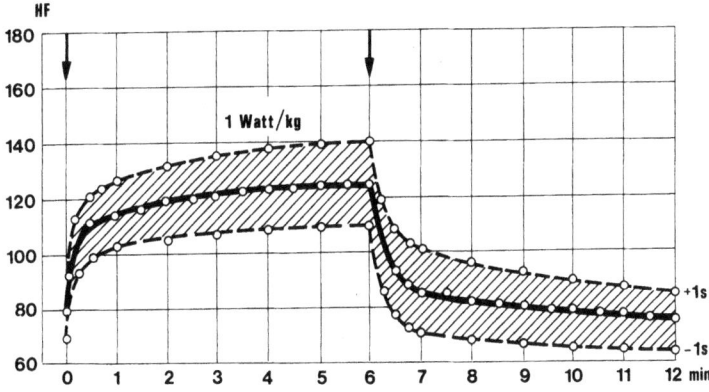

Abb. 77. Mittelwerte und Standardabweichungen der HF während und nach einer Leistung von 1 Watt/kg von hundert 20–30jährigen untrainierten Männern (Dransfeld u. Mellerowicz, 1957). Handkurbelleistung im Stehen. Bei Fußkurbelleistung im Sitzen sind die HF $\approx$ 10/min kleiner

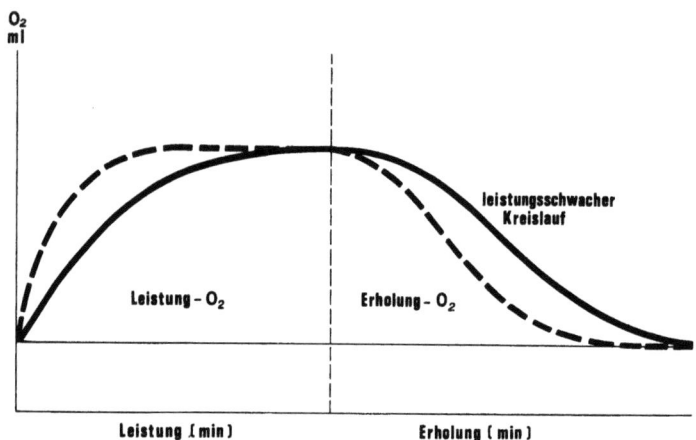

Abb. 78. Schematische, vergleichende Darstellung der O_2-Aufnahme während und nach der Leistung einer Person mit leistungsschwachem cardiopulmonalem System vor und nach rehabilitivem Training. Anlaufs- und Erholungszeit der O_2-Aufnahme werden durch Training verkürzt, die Leistungs-O_2-Aufnahme steigt, die Erholungs-O_2-Aufnahme nimmt ab

- *Intracardiale Druckmessungen*
  zur Bestimmung der Leistungsstufe,
  in welcher der enddiastolische Füllungsdruck ansteigt oder intracardiale Drucke kritische Werte erreichen (bei angeborenen und erworbenen Vitien).

Tabelle 9a–c. Tabellen zur Bestimmung der maximalen O_2-Aufnahme aus der steady-state-Hf (**a** Männer, **b** Frauen, **c** Alterskorrekturfaktoren) (n. I. Astrand. Acta physiol. scand. 49, 45 (1960))

Tabelle 9a (Männer)

Arbeits-puls-frequenz	Maximale Sauerstoffaufnahme 1/Min.					Arbeits-puls-frequenz	Maximale Sauerstoffaufnahme 1/Min.				
	300 kpm/min	600 kpm/min	900 kpm/min	1200 kpm/min	1500 kpm/min		300 kpm/min	600 kpm/min	900 kpm/min	1200 kpm/min	1500 kpm/min
120	2,2	3,5	4,8			148		2,4	3,2	4,3	5,4
121	2,2	3,4	4,7			149		2,3	3,2	4,3	5,4
122	2,2	3,4	4,6			150		2,3	3,2	4,2	5,3
123	2,1	3,4	4,6			151		2,3	3,1	4,2	5,2
124	2,1	3,3	4,5	6,0		152		2,3	3,1	4,1	5,2
125	2,0	3,2	4,4	5,9		153		2,2	3,0	4,1	5,1
126	2,0	3,2	4,4	5,8		154		2,2	3,0	4,0	5,1
127	2,0	3,1	4,3	5,7		155		2,2	3,0	4,0	5,0
128	2,0	3,1	4,2	5,6		156		2,2	2,9	4,0	5,0
129	1,9	3,0	4,2	5,6		157		2,1	2,9	3,9	4,9
130	1,9	3,0	4,1	5,5		158		2,1	2,9	3,9	4,9
131	1,9	2,9	4,0	5,4		159		2,1	2,8	3,8	4,8
132	1,8	2,9	4,0	5,3		160		2,1	2,8	3,8	4,8
133	1,8	2,8	3,9	5,3		161		2,0	2,8	3,7	4,7
134	1,8	2,8	3,9	5,2		162		2,0	2,8	3,7	4,6
135	1,7	2,8	3,8	5,1		163		2,0	2,8	3,7	4,6
136	1,7	2,7	3,8	5,0		164		2,0	2,7	3,6	4,5
137	1,7	2,7	3,7	5,0		165		2,0	2,7	3,6	4,5
138	1,6	2,7	3,7	4,9		166		1,9	2,7	3,6	4,5
139	1,6	2,6	3,6	4,8		167		1,9	2,6	3,5	4,4
140	1,6	2,6	3,6	4,8	6,0	168		1,9	2,6	3,5	4,4
141		2,6	3,5	4,7	5,9	169		1,9	2,6	3,5	4,3
142		2,5	3,5	4,6	5,8	170		1,8	2,6	3,4	4,3
143		2,5	3,4	4,6	5,7						
144		2,5	3,4	4,5	5,7						
145		2,4	3,4	4,5	5,6						
146		2,4	3,3	4,4	5,6						
147		2,4	3,3	4,4	5,5						

Tabelle 9b (Frauen)

Arbeits-puls-frequenz	Maximale Sauerstoffaufnahme 1/Min.					Arbeits-puls-frequenz	Maximale Sauerstoffaufnahme 1/Min.				
	300 kpm/min	450 kpm/min	600 kpm/min	750 kpm/min	900 kpm/min		300 kpm/min	450 kpm/min	600 kpm/min	750 kpm/min	900 kpm/min
120	2,6	3,4	4,1	4,8		148	1,6	2,1	2,6	3,1	3,6
121	2,5	3,3	4,0	4,8		149		2,1	2,6	3,0	3,5
122	2,5	3,2	3,9	4,7		150		2,0	2,5	3,0	3,5
123	2,4	3,1	3,9	4,6		151		2,0	2,5	3,0	3,4
124	2,4	3,1	3,8	4,5		152		2,0	2,5	2,9	3,4
125	2,3	3,0	3,7	4,4		153		2,0	2,4	2,9	3,3
126	2,3	3,0	3,6	4,3		154		2,0	2,4	2,8	3,3
127	2,2	2,9	3,5	4,2		155		1,9	2,4	2,8	3,2
128	2,2	2,8	3,5	4,2	4,8	156		1,9	2,3	2,8	3,2
129	2,2	2,8	3,4	4,1	4,8	157		1,9	2,3	2,7	3,2
130	2,1	2,7	3,4	4,0	4,7	158		1,8	2,3	2,7	3,1
131	2,1	2,7	3,4	4,0	4,6	159		1,8	2,2	2,7	3,1
132	2,0	2,7	3,3	3,9	4,5	160		1,8	2,2	2,6	3,0
133	2,0	2,6	3,2	3,8	4,4	161		1,8	2,2	2,6	3,0
134	2,0	2,6	3,2	3,8	4,4	162		1,8	2,2	2,6	3,0
135	2,0	2,6	3,1	3,7	4,3	163		1,7	2,2	2,6	2,9
136	1,9	2,5	3,1	3,6	4,2	164		1,7	2,1	2,5	2,9
137	1,9	2,5	3,0	3,6	4,2	165		1,7	2,1	2,5	2,9
138	1,8	2,4	3,0	3,5	4,1	166		1,7	2,1	2,5	2,8
139	1,8	2,4	2,9	3,5	4,0	167		1,6	2,1	2,4	2,8
140	1,8	2,4	2,8	3,4	4,0	168		1,6	2,0	2,4	2,8
141	1,8	2,3	2,8	3,4	3,9	169		1,6	2,0	2,4	2,8
142	1,7	2,3	2,8	3,3	3,9	170		1,6	2,0	2,4	2,7
143	1,7	2,2	2,7	3,3	3,8						
144	1,7	2,2	2,7	3,2	3,8						
145	1,6	2,2	2,7	3,2	3,7						
146	1,6	2,2	2,6	3,2	3,7						
147	1,6	2,1	2,6	3,1	3,6						

Tabelle 9c (Alterskorrekturfaktoren)

Alter	Faktor	Max. Puls	Faktor
15	1,10	210	1,12
25	1,00	200	1,00
35	0,87	190	0,93
40	0,83	180	0,83
45	0,78	170	0,75
50	0,75	160	0,69
55	0,71	150	0,64
60	0,68		
65	0,65		

12.4 Quantität des rehabilitiven Trainings

Für die Quantität rehabilitiven Trainings gelten ebenfalls die Grundlagen und Prinzipien, die in Kapitel 4 dargestellt werden. Doch müssen im rehabilitiven Training die Besonderheiten jedes Falles spezielle Berücksichtigung finden, z. B. bei rehabilitivem Training nach einem Infarkt.

Voraussetzungen für die Anwendung der optimalen Quantität des rehabilitiven Trainings sind:

1. Die ergometrische Messung bzw. Bestimmung der organischen bzw. der körperlichen Leistungsgrenzen. Sie ist in nicht zu langen Zeitabständen zu wiederholen.

Erforderlich ist die Berücksichtigung von:
2. Individuellen patho-physiologischen Faktoren
3. Konstitution, Alter und Geschlecht
4. ständig wechselnder Kondition
5. *exogenen Faktoren*
wie Lufttemperatur, Luftfeuchtigkeit, Luftdruck, Luftbewegung, Beschaffenheit des Trainingsgeländes, zeitlicher Abstand von der letzten Mahlzeit u. a.
6. Motivation und eigenem Leistungswillen des Rehabilitanden.

Intensität: 60–90% der cardio-corporalen Leistungsbreite

Dauer: Dauerleistungstraining > 6 Minuten, 1–3 ×
Mittelleistungstraining ≈ 1–3 Minuten, 1–3 ×
Kurzleistungstraining bis 1 Minute, 1–10 ×

Häufigkeit: möglichst tägliches Training, evtl. 2 × täglich.

Die *Dosierung* der Trainingsquantität ist am sichersten praktikabel *am Ergometer* bei Fußkurbelarbeit im Sitzen oder Handkurbelarbeit im Stehen. Es sind auch Ergometer konstruiert worden, welche die Leistung auf eine bestimmte vorgegebene HF einregeln.
Beim Feld-Training (auf dem Spielfeld, in der Halle u. a.) ist die Dosierung vom Rehabilitationstrainer für Gruppen annähernd gleicher Leistungsbreite vorzugeben. Zur Kontrolle der Dosierung sind in Phasen größerer Belastung HF-Messungen der leistungsschwächeren Rehabilitanden ratsam. Die HF während des Trainings kann auch telemetrisch oder mit Spezialgeräten, die bei Überschreitung einer bestimmten Grenzfrequenz ein Signal geben, überwacht werden. – Erfahrungsgemäß lernt der Rehabilitand meist selbst, subjektiv eine zuträgliche Dosierung nicht zu überschreiten.

Zum *Heim-Training* ist ein „Home-trainer" (Fahrrad oder Rudergerät u. a.), besser jedoch ein einfaches, mechanisch gebremstes Ergometer, zweckmäßig. Der Rehabilitand soll lernen, seine HF zunächst häufiger, dann gelegentlich selbst zu kontrollieren (um eine Überdosierung zu vermeiden) durch Zählen der Herzschlagzahl während einer Zeit von 6 oder 10 Sekunden während oder *unmittelbar* nach der Leistung. Bei längerer Zähldauer nach der Leistung werden falsche, zu niedrige HF bestimmt, weil sie schnell abfällt. Das tägliche Trainingspensum wird zur Übersicht, auch für den beratenden Arzt, in ein „Trainingsbuch" eingetragen.

12.5 Qualität des rehabilitiven Trainings

1. *Dauerleistungstraining* kann in Dauerform oder Dauer-Intervallform erfolgen. Es fördert die aerobe Kapazität (maximale O_2-Aufnahme) des Organismus. Bei der *Dauerform* sollen die *Leistungsphasen* > *6 Minuten* dauern
- bei einer Intensität von ≈ 60–90%
- und 1–3 Leistungseinheiten
- mit zwischenzeitlicher voller Erholung.

Bei der *Intervall-Dauerform* wechseln Phasen größerer Leistung (80–90%) mit Phasen kleiner Leistung (40–50%) von je 30 sec–3 Minuten Dauer.
Bei gleicher Trainingsquantität wird in Dauer- oder Intervallform ein gleicher Leistungszuwachs erreicht, wie Versuche mit eineiigen Zwillingen und annähernd gleichen Gruppen ergaben.

Zum Training in Dauer- oder Intervallform sind geeignet:
Gehen, Laufen, Radfahren, Schwimmen, Rudern, eine Folge von körperbildenden Übungen, Feld-Spiele, Gartenarbeit u.a.

2. *Mittelleistungs-Training.* Leistungsdauer von ≈ 1–3 Minuten, mit hoher Intensität (80–90%) zur Steigerung der anaeroben Kapazität (ohne Sauerstoff-Leistung) mit 1–3 Leistungseinheiten bei zwischenzeitlicher voller Erholung.

Geeignet sind hierfür: Schnelles Gehen, Laufen, Radfahren, Schwimmen, körperbildende Übungen sowie viele Leistungsformen, die Größe, Dauer und Art der biochemischen Energiebildung gemeinsam haben (anaerob + aerob).
Durch Mittelleistungs-Training wir die Kapazität insbesondere für Leistungen von 1–5 Minuten Dauer gesteigert. Sie sind häufig im tägli-

chen Leben, z. B. beim Treppensteigen, bei Garten- und Hausarbeit und beim Sport.

3. *Kurzleistungs-Training* bis ≈ 1 Minute Dauer mit anaerober Energiebildung dient der Förderung von Kraft, Schnelligkeit und sensomotorischer Koordination.
Geeignet sind hierfür:
Krafttraining verschiedener Art in mäßiger Dosierung
(Krafttraining mit ≈ maximalen Belastungen und Pressungen der Thoraxorgane ist im rehabilitiven Training zu vermeiden)
mit und an verschiedenen Geräten,
auch Springen, Stoßen, Werfen, kurze Läufe u.a., körperbildendes Training verschiedener Form mit submaximaler Intensität.

Dauer-, Mittel- und Kurzleistungen sind im rehabilitiven Training in möglichst *optimaler Mischung* und dem speziellen Zweck entsprechend anzuwenden. Soll z.B. die Leistungsbreite von Herz, Kreislauf und Atemapparat rehabilitiv gesteigert werden, ist überwiegend in Dauer- bzw. Intervallform zu trainieren (s. Tabellen 8, 9, 10, 11).
Wenn ein Dauertraining kontraindiziert ist, können evtl. noch dosiertes Kurz- und Mittelleistungstraining rehabilitive Wirkungen haben. – Die gemessene sowie subjektiv erlebte Leistungssteigerung und das hierdurch ausgelöste Erfolgserlebnis ist neben den nachweisbaren objektiven Wirkungen auf den Organismus ein Psycho-Therapeutikum von großem Wert für die Wiederherstellung der Leistungsfähigkeit und Lebenstüchtigkeit.

Tabelle 10. Rehabilitive Trainingswirkungen durch Zuwachs und Leistungssteigerung trainierter Organe

Zuwachs und Steigerung der Leistung		Oxydative Kapazität (Dauerleistungstraining > 6 Min.) Anaerobe Kapazität (Kurz- und Mittelleistungstraining = 30 sec.–3 min.)
	Herz-Kreislauf	Herzgewicht ($\rightarrow \approx$ 500 g) und Herzvolumen ($\rightarrow \approx$ 1 200 ml) Coronarvolumen Kapillarisierung und Kollateralisierung maximale cardiale Volumenleistung Diastolendauer Coronarreserve
	Atmung	Atemmuskulatur Vitalkapazität maximales Atemzeitvolumen maximale O_2-Aufnahme
	Blut	O_2-Transportkapazität des Blutes Alkalireserve a-v-D_{O_2}
	Skelettmuskulatur	Mitochondrien der Skelettmuskulatur oxydative Fermente anoxydative glycolytische Fermente Glykogen, Neutralfette energiereiche Phosphate ATP, KP K, Ca, Mg Kraft, Leistung
	Vegetat., Endokr.	NNR-Volumen u. biochemische Kapazität regulative Potenz

Tabelle 11. Rehabilitives Training (in Dauerform) fördert die O_2-Versorgung des Myocards durch

Abnahme des cardialen O_2-Verbrauchs	bradycarde Funktion Verlängerung der Systole Verlängerung der Diastole Abnahme der Druckarbeit Ökonomisierung der Herzarbeit mit Steigerung des Wirkungsgrades
	Zunahme der Vaskularisierung
	Zunahme der Coronarreserve bei Belastungs-Coronarinsuffizienz

Tabelle 12. Rehabilitive Trainingswirkungen durch

Abnahme ↓	Ökonomisierung	Reservekapazität ↑
In Körperruhe und bei gleicher Leistung	Herzschlagzahl Systolischer Druck Herzzeitvolumen Herzarbeit Cardialer O_2-Verbrauch	
	Atemfrequenz Atemzeitvolumen Atemäquivalent	
	M-S-Spiegel im Blut	
	Elektrische Aktivität der Skelettmuskulatur	
	Vegetative Umstellung Trophotrope, cholinergische Regulation Endocrine Sekretion	

Tabelle 13. Ausdauertraining und Digitalis

- verlangsamen Reizbildung und Erregungsleitung
- verlängern die Pulsperiodendauer, besonders die Diastolendauer
- bewirken ökonomische Volumenarbeit
- erhöhen den Wirkungsgrad der Herzarbeit (Gollwitzer-Meier, Gremels)
- bewirken ökonomischen O_2-Verbrauch des Herzens
- vergrößern die cardiale Leistungsbreite (bei verschiedenen, sich überschneidenden Indikationsbereichen)

13 Literatur

Appell, H.-J.: Capillary density and patterns in skeletal muscle. III. Changes of the capillary pattern after hypoxia. Pflügers Arch. 377 (1978) R 53.
Astrand, P.O.: Experimental studies of physical working capacity in relation to sex and age. Copenhagen: Ejnar Munksgaard 1952.
Astrand, P.O., Rodahl, K.: Textbook of Work Physiology. 2. Aufl. McGraw-Hill, New York, 1978.

Bach, F.: Ergebnisse von Massenuntersuchungen über die sportliche Leistungsfähigkeit und das Wachstum Jugendlicher in Bayern. Frankfurt: Limpert 1955.
Bachl, N.: Möglichkeiten zur Bestimmung individueller Ausdauerleistungsgrenzen anhand spiroergometrischer Parameter. Österr. J. Sportmed., Suppl. 1, 1981.
Balke, B.: Maximum performance capacity at sea level and at moderate altitude before and after training at altitude. Schweiz. Z. Sportmed. **14**, 106 (1966).
Barnard, R.J., Peter, J.B.: The effect of various training regimes and of exhaustion on hexokinase activity of skeletal muscle. J. appl. Physiol. **27**, 691 (1969).
Barnard, R.J., Edgerton, V.R., Peter, J.B.: Effects of exercise on skeletal muscle. I. Biochemical and histochemical properties. J. appl. Physiol. **6**, 762 (1970).
Barnard, R.J., Edgerton, V.R., Peter, J.B.: Effects of exercise on skeletal muscle. II. Contractile properties. J. appl. Physiol. **6**, 767 (1970).
Bausenwein, I., Hoffmann, A.: Frau und Leibesübungen. Mülheim/Ruhr: Gehörlosen-Verlag 1967.
Bausenwein, I.: Vergleichende Darstellung biologischer Grundlagen von Training und Leistung der Frauen. In: Leistungsrat für Leichtathleten. Hrsg. H. Mellerowicz u. W. Meller. Berlin: Ergon 1967.
Beickert, A.: Zur Entstehung und Bewertung der Arbeitshypertrophie des Herzens, der Nebennieren und Hypophyse. Arch. Kreisl.-Forsch. **21**, 115 (1954).
Berger, A.: Die optimale Anzahl der Wiederholungsübungen für die Kraftschulung. Deutsche Zusammenfassung. Bachmann, H.: Theorie und Praxis der Körperkultur **3**, 271 (1963).
Bergh, U. et al.: Maximal oxygen uptake and muscle fiber types in trained and untrained humans. In: Medicine and Science in Sports and Exercise **10**, 151 (1978).
Bierbaum, U., Mellerowicz, H., Heepe, W., Weber, E., Stoboy, H.: Vergleichende Untersuchungen über Laufleistungen, Schweißquantität und Körperkerntemperatur bei hohen Luft- und Strahlungstemperaturen. Sportarzt u. Sportmedizin **8**, 164 (1972).
Biggs, R., Macfarlane, R.G., Pilling, J.: Observations on fibrinolysis. Experimental production by exercise and adrenalin. Lancet **1**, 402 (1947).
Bigland-Ritchie, B., Woods, J.: Oxygen consumption and integrated electrical activity of muscle during positive and negative work. J. Physiol. (Lond.) **234**, 39 (1973).
Binkhorst, R.A., van't Hof, M.A.: Force-velocity relationship and contraction time of the red fast plantaris muscle due to compensatory hypertrophy. Pflügers Arch. **342**, 145 (1973).

Bloom, S. R., Johnson, R. H., Park, D. M., Rennie, M. J., Sulaiman, W. R.: Differences in the metabolic and hormonal response to exercise between racing cyclists and untrained individuals. J. Physiol. **258**, 1 (1976).
Brodal, P., Ingjer, F., Hermannsen, L.: Capillary supply of skeletal muscle fibers in untrained and endurance-trained men. Am. J. Physiol. **6**, 705 (1977).
Brotherhood, J., Brozovic, B., Pugh, L. H. C.: Haematological status of middle- and long-distance runners. Clin. Sci. Molecular Med. **48**, 139 (1975).
Brunner, D.: The influence of physical activity on incidence and prognosis of ischemic heart disease. In: Prevention of ischemic heart disease. Hrsg. W. Raab, Springfield, III.: Ch. C. Thomas 1966.
Bührle, M.: Prinzipien des Krafttrainings. Die Lehre der Leichtathletik **4**, 127 (1971).
Bührle, M., Schmidtbleicher, D.: Grundlagen des Maximal- und Schnellkrafttrainings. Symposium, Freiburg 1983.
Bürger, M.: Altern und Krankheit, III. Aufl. Leipzig: Thieme 1957.
Buskirk, E. R., Iampietro, P. F., Bass, D. E.: Work performance after dehydration: Effects of physical conditioning and heat acclimatization. J. appl. Physiol. **12**, 189 (1958).
Buskirk, E. R., Kollias, J., Akers, R. F., Prokop, E. K., Reategui, E. P.: Maximal performance at altitude and on return from altitude in conditioned runners. J. appl. Physiol. **2**, 259 (1967).

Chrastek, J., Adamirova, J.: Hoher Blutdruck und körperliche Übungen. Sportarzt u. Sportmedizin **21**, 61 (1970).
Crescitelli, F., Taylor, C.: The lactate response to exercise and its relationships to physical fitness. Amer. J. Physiol. **141**, 630 (1944).
Cousineau, D., Ferguson, R. J., deChamplain, J., Gauthier, P., Cote, P., Bourassa, M.: Catecholamines in coronary sinus during exercise in man before and after training. J. appl. Physiol. **43**, 801 (1977).

Dickhuth, H.-H., Simon, G., Wildberg, A., Kindermann, W., Keul, J.: Echokardiographische Untersuchungen bei Sportlern verschiedener Sportarten und Untrainierten. Z. Kardiol. **68**, 449 (1979).
Dill, D. B., Braithwaite, K., Adams, W. C., Bernauer, E. M.: Blood volume of middle-distance runners: effect of 2300 m altitude and comparison with non-athletes. Med. Sci. Sports **6**, 1 (1974).
Dransfeld, B., Mellerowicz, H.: Untersuchungen über das Verhalten der Herzschlagfrequenz während und nach körperlichen Leistungen. Int. Z. angew. Physiol. **16**, 464 (1957).
Dransfeld, B., Mellerowicz, H.: Untersuchungen über Leistungsfähigkeit und Herzschlagfrequenz von Untrainierten bei Maximalleistungen am Handkurbelergometer. Int. Z. angew. Physiol. einschl. Arbeitsphysiol. **17**, 207 (1958).
Dransfeld, B., Mellerowicz, H.: Sauerstoffpuls während einer Leistung von 1 Watt/kg Körpergewicht. Z. Kreisl.-Forsch. **48**, 901 (1959).

Eckstein, R. W.: Effect of exercise and coronary artery narrowing on coronary collateral circulation. Circulation Research **5**, 230 (1957).
Edwards, M. J., Staub, N. C.: Kinetics of O_2-uptake by erythrocytes as a function of cell age. J. appl. Physiol. **21**, 173 (1966).
Embden, G., Habs, H.: Beitrag zur Lehre vom Muskeltraining. Skand. Arch. Physiol. **49**, 122 (1926).

Embden, G., Habs, H.: Über chemische und biologische Veränderungen der Muskulatur nach öfters wiederholter faradischer Reizung. Hoppe-Seylers Z. physiol. Chem. **171**, 16 (1927).

Ferguson, E. W., Barr, C. F., Bernier, L. L.: Fibrinogenolysis and fibrinolysis with strenuous exercise. J. appl. Physiol. **47**, 1157 (1979).
Franz, I., Mellerowicz, H.: Vergleichende Untersuchungen zur Messung der PWC_{170}, Zschr. Kardiologie **66**, 670 (1977).
Frenkl, R., Csalay, L., Csakvary, G.: A study of the stress reaction elicited by muscular exertion in trained and untrained men and rats. Acta physiol. Acad. Sci. Hung. **36**, 365 (1969).
Fric, J., Lübs, E., Meller, W.: Vergleichende spiro-ergometrische Untersuchungen zum Leistungs-Stoffwechsel von Mittel- und Dauerleistern. Sportwissenschaft **4**, 336 (1973).

Goldspink, G.: The combined effects of exercise and reduced food intake on skeletal muscle fibers. J. cell. comp. Physiol. **63**, 206 (1964).
Gollnick, P. D., King, D. W.: The immediate and chronic effect of exercise on the number and structure of skeletal muscle mitochondria. In: Biochem. of Exercise. Ed.: J. Poortmans, Basel-New York 1969.
Grebe, H.: Genetik und morphologische Variation. Proc. 2nd Int. Congress. Human Gen. Rome, Sept. 1961.

Halhuber, M. J.: Vorbeugung und Wiederherstellung bei Herz- und Kreislauferkrankungen. Bayer. Ärztebl. **24**, 5 (1969).
Hansen, G.: Vergleichende Untersuchungen über das Verhalten der aeroben zur anaeroben Kapazität bei maximaler ergometrischer Leistung. Schweiz. Z. Sportmed. **2**, 68 (1967).
Hansen, J. W.: Die Trainingswirkung wiederholter isometrischer Muskelkontraktionen. Der Sportarzt **9**, 199 (1963).
Hanson, J.: Maximal exercise performance in members of the US Nordic Ski Team. J. appl. Physiol. **35**, 592 (1973).
Haralambie, G.: Muscular metabolism and physical exercise. Acta Paediat. Scand. Suppl. **217**, 127 (1971).
Harre, D.: Trainingslehre 9. Aufl. Berlin: Sportverlag Berlin 1982.
Hartley, L. H., Mason, J. W., Hogan, R. P., et al.: Multiple hormonal responses to graded exercise in relation to physical training. J. appl. Physiol. **33**, 602 (1972).
Hartmann, U.: Vergleichende Untersuchungen über die Trainierbarkeit von intra- und postpuberalen Jugendlichen. Dissertation Freie Universität. Berlin 1977.
Hasse, A.: Leistung und klimatische Bedingungen im Bergbau. Arbeitsphysiol. **8**, 455 (1935).
Hecht, A.: Zur Adaptation der Muskelzelle an einen Belastungsreiz und Möglichkeiten ihrer Trainierbarkeit. Med. u. Sport **XII**, 12 (1972).
Hengst, K., Mellerowicz, H.: Vergleichende Untersuchungen über die Trainierbarkeit von männlichen und weiblichen Jugendlichen. Sportarzt u. Sportmedizin **8**, 362 (1968).
Herxheimer, A.: Grundriß der Sportmedizin. Leipzig: Thieme 1933.
Hettinger, Th.: Physiology of strength. Springfield/III.: Ch. C. Thomas 1961.
Hettinger, Th.: Isometrisches Muskeltraining. 5. Aufl. Stuttgart: Thieme 1983.
Hettinger, Th.: In: D. Harre: Trainingslehre. Berlin: Sportverlag Berlin 1970.

Hill, A. V.: Muscular Movement in Men. The Factors Governing Speed and Recovery from Fatigue. New York: McGraw-Hill 1927.
Hollmann, W.: Über Wirkungen der Leibesübung auf Muskulatur, Atemapparat, Blut, die endokrinen Drüsen, das vegetative System und ihre Bedeutung für die Herzgesundheit. In: Präventive Cardiologie. Berlin: Medicus 1961.
Hollmann, W.: Höchst- und Dauerleistungsfähigkeit des Sportlers. München: Barth 1963.
Hollmann, W.: Körperliches Training als Prävention von Herz-Kreislaufkrankheiten. Stuttgart: Hippokrates 1965.
Hollmann, W., Herkenrath, G., Grünewald, B., Budinger, H., Jonath, U., Rüssmann, H., Hain, D.: Untersuchungen über Möglichkeiten zur Steigerung des körperlichen Leistungsvermögens von Rekruten. Sportarzt u. Sportmedizin **12**, 582 (1966).
Hollmann, W., Venrath, H., Grünewald, B.: Untersuchungen zum Leistungsverhalten männlicher Personen bei ansteigender Arbeitsintensität unter verschiedenen O_2-Konzentrationen in der Inspirationsluft. Sportarzt u. Sportmedizin **2**, 66 (1967).
Hollmann, W., Grünewald, B., Bouchard, C.: Die altersbedingte Reduktion der kardiopulmonalen Kapazität und ihre Begegnung durch ein Minimal-Trainingsprogramm. Arbeitsmed. Sozialmed. Arbeitshygiene **3**, 88 (1967).
Hollmann, W., Venrath, H., Grünewald, B., Herkenrath, G.: Das menschliche Leistungsverhalten bei Höhenbedingungen unter besonderer Berücksichtigung der Olympischen Spiele in Mexico City. Fortschr. Med. **8**, 325/**9**, 383 (1967).
Hollmann, W., Hettinger, Th.: Sportmedizin – Arbeits- und Trainingsgrundlagen. Stuttgart-New York: Schattauer 1976.
Hort, W.: Morphologische und physiologische Untersuchungen an Ratten während eines Lauftrainings und nach dem Training. Virchows Archiv **320**, 197 (1951).
Howald, H.: Strukturelle Veränderungen im menschlichen Skelettmuskel als Ausdruck eines erhöhten Dauerleistungsvermögens. Leistungssport **3**, 197 (1973).
Howald, H.: Training-Induced Morphological and Functional Changes in Skeletal Muscle. Int. J. Sports Med. **3**, 1 (1982).

Ikai, M.: Training of muscle strength and power in athletes. FIMS-Congress, Oxford 1970.
Ikai, M., Fukunaga, T.: A study of training effect on strength per unit cross-sectional of muscle by means of ultra-sonic measurement. Int. Z. angew. Physical. **28**, 172 (1970).
Israel, S.: Die Behandlung des Übertrainings. Theorie u. Praxis der Körperkultur **9**, 12 (1960).
Israel, S.: Sport, Herzgröße und Herz-Kreislaufdynamik. Sportmed. Schriftenreihe 3. Leipzig: Barth 1968.
Israel, S.: Geschlechtsspezifische Unterschiede der kardiovaskulären Adaptation an Ausdauerbelastungen und ihre Bedeutung für die primäre Prävention. Med. u. Sport **10**, 293 (1975).
Israel, S.: Primäre Prävention und Nichtlinearität in der kardiovaskulären Adaptation. Zschr. inn. Med. **17**, 567 (1975).
Israel, S.: Zum Begriff der körperlichen Leistungsfähigkeit. Zschr. ärztl. Fortbild. **7**, 334 (1976).
Israel, S.: Zur Problematik des Übertrainings aus internistischer und leistungsphysiologischer Sicht. Med. u. Sport **XVI**, 1 (1976).

Jakowlew, N.: Beiträge über Sportmedizin. Berlin: Sportverlag Berlin 1953.
Jakowlew, N.: Biochemie des Sports. Leipzig: DHfK 1967.

Jakowlew, N.: Erweiterung des Regulationsbereichs des Stoffwechsels bei Anpassung an verstärkte Muskeltätigkeit. Med. u. Sport **16**, 66 (1976).

Johnson, W.: Science and Medicine of Exercise and Sports. New York: Harper a. Brothers 1960.

Jokl, E.: Medical sociology and cultural anthropology of sport and physical education. Springfield/III.: Ch. C. Thomas 1971.

Jokl, E.: What is Sports Medicine? Springfield/III.: Ch. C. Thomas 1971.

Josenhans, W.: An evaluation of some methods improving muscle strength. Rev. canad. Biol. **21**, 315 (1962).

Kägi: zit. n. Zirr: Über Trainingswirkungen auf die Nebennierenrinde. Staatsexamensarbeit, aus dem Institut für Leibeserziehung der FU Berlin 1959.

Karpovich, P. V.: Physiology of muscular activity, 4th. ed. Philadelphia and London: W. B. Saunders Company 1955. (Originally by E. C. Schneider).

Karvonen, M. J.: Physiologische Grundlagen des Sports in der Therapie und Rehabilitation unter besonderer Berücksichtigung des Gefäßsystems. In: Sport in Therapie und Rehabilitation. 21. Dtsch. Sportärztekongreß Münster. Berlin: Verlag für Gesamtmedizin 1963.

Kaucke, W. J.: Zur Ontogenese der Muskelkraft. Diplomarbeit Deutsche Hochschule für Körperkultur. Leipzig 1970.

Keul, J., Doll, E., Keppler, D.: Muskelstoffwechsel. München: Barth 1969.

Kindermann, W., Keul, J., Reindell, H.: Grundlagen zur Bewertung leistungsphysiologischer Anpassungsvorgänge. Dtsch. med. Wschr. **99**, 1372 (1974).

Kjellberg, S. R., Ruhde, U., Sjöstrand, T.: Increase of the amount of hemoglobin and blood volume in connection with physical training. Acta Physiol. Scand. **19**, 146 (1949).

Kleeberg, U. R., Hempel, H.: Die Bedeutung des 2,3-DPG für die Sauerstoffaffinität des Hämoglobins. Dtsch. med. Wschr. **96**, 1570 (1971).

Klaus, E. J., Noack, H.: Frau und Sport. Stuttgart: Thieme 1961.

Klissouras, V.: Erblichkeit und Training. Studien mit Zwillingen. Leistungssport **5**, 357 (1973).

Knuttgen, H. G.: Development of muscular strength and endurance. In: Neuromuscular mechanisms for therapeutic and conditioning exercise. Ed.: H. G. Knuttgen. University Park Press Baltimore, London-Tokio 1980.

König, K., Reindell, H., Roskamm, H., Kessler, M.: Das Herzvolumen und die körperliche Leistungsfähigkeit bei 20- bis 60-jährigen gesunden Männern. Arch. Kreisl.-Forsch. **35**, 37 (1961).

Komi, P.: Faktoren der Muskelkraft und Prinzipien des Krafttrainings. Leistungssport **1**, 3 (1975).

Kosmjan, E. J.: Über die Wechselbeziehungen der Muskelantagonisten bei nachgebender Arbeit. Zh. vyssh. nerv. Deyat. Pavlova **15**, 61 (1965).

Kraus, H., Raab, W.: Hypokinetic diseases. Springfield/III.: Ch. C. Thomas 1961.

Krestownikow, A. N.: Physiologie der Körperübungen. Berlin: Volk und Gesundheit 1953.

Lefant, C., Torrance, J., English, E., Finch, C. A., Reynafarje, C., Ramos, J., Faura, J.: Effect of altitude on oxygen binding by hemoglobin and on organic phosphate levels. J. clin. Invest. **47**, 2652 (1968).

Leubner, H.: Nebennieren und Sport. Internat. J. prophyl. Medizin u. Sozialhygiene **1**, 205 (1957).

Linge van, B.: The response of muscle to strenuous exercise. J. Bone Surg. **44**, 711 (1962).

Linzbach, A.J.: Mikrometrische und histologische Analyse hypertropher menschlicher Herzen. Virch. Arch. **314**, 534 (1947).

Linzbach, A.J.: Die Muskelfaserkonstante und das Wachstumsgesetz der menschlichen Herzkammer. Virch. Arch. **318**, 575 (1950).

Lübs, E.D.: Comparative Studies on Trainability of Male Adults. Kongreßband des 3. Europ. Kongr. f. Sportmed., Budapest 1974.

Luongo, E.R.: Health habits and heart diseases-challenge in preventive medicine. J. Amer. med. Ass. **162**, 1021 (1956).

Maidorn, K., Mellerowicz, H.: Vergleichende Untersuchungen über Leistungssteigerung durch Intervalltraining bei unterschiedlicher Intervallzahl. Int. Zschr. angew. Physiol. einschl. Arbeitsphysiol. **19**, 27 (1961).

Mann, G.V., Teel, K., Hayes, O., McNally, A., Bruno, D.: Exercise in the disposition of dietary calories. New Engl. J. Med. **253**, 349 (1955).

Matthias, E.: Einfluß der Leibesübung auf Körperwachstum. Zürich: Rascher 1916.

Matwejew, L.P.: Das Problem der Periodisierung des sportlichen Trainings. Moskau: Fiskultura i sport 1965. Deutsche Übersetzung. Frankfurt: Bundesausschuß zur Förderung des Leistungssports 1968.

Meller, W., Mellerowicz, H.: Vergleichende Untersuchungen über Dauertraining mit verschiedener Leistung bei gleicher Arbeit an eineiigen Zwillingen. Sportarzt u. Sportmedizin **6**, 287 (1968).

Meller, W., Mellerowicz, H.: Vergleichende Untersuchungen über Dauertraining mit verschiedener Häufigkeit, aber gleicher Arbeit und Leistung an eineiigen Zwillingen. Sportarzt u. Sportmedizin **12**, 520 (1968).

Meller, W., Mellerowicz, H.: Vergleichende Untersuchungen über Dauertraining mit gleicher Arbeit, aber unterschiedlicher Leistung an eineiigen Zwillingen. Sportarzt u. Sportmedizin **1**, 1 (1970).

Meller, W., Mellerowicz, H., Lübs, E., Kieper, Ch., Howald, H.: Vergleichende Untersuchungen über Wirkungen von Höhentraining auf die Dauerleistung in Meereshöhe an eineiigen Zwillingen. Schw. Z. Sportmedizin **3**, 129 (1974).

Meller, W., Mellerowicz, H. et al.: Vergleichende Untersuchungen über Wirkungen von Kurz- und Langausdauertraining in der Höhe an eineiigen Zwillingen. Sportarzt und Sportmedizin **10**, 232 (1976).

Mellerowicz, H., Petermann, A.: Ergebnisse von Kreislaufzeitbestimmungen mit Natriumsuccinat am trainierten leistungsstarken Kreislauf von Sportstudenten und Spitzensportlern. Die Medizinische 31/32, 1010 (1952).

Mellerowicz, H.: Vergleichende Untersuchungen über das Ökonomieprinzip des trainierten Kreislaufs und seine Bedeutung für die präventive und rehabilitive Medizin. Arch. Kreisl.-Forsch. **24**, 70 (1956).

Mellerowicz, H., Petermann, A.: Untersuchungen über die Pulswellengeschwindigkeit in der Aorta bei Trainierten in verschiedenen Altersstufen. Z. Kreisl.-Forsch. **45**, 716 (1956).

Mellerowicz, H., Borsdorf, H.: Experimenteller Beitrag zur Frage des optimalen Trainingsmaßes für Mittelstreckenleistungen. Sportmedizin **IX**, 197 (1958).

Mellerowicz, H.: Über das Leistungsherz. Fortschr. Med. **76**, 15 (1958).

Mellerowicz, H., Lerche, D.: Ergometrische Untersuchungen zur Beurteilung der Leistungsfähigkeit Jugendlicher. Int. Zschr. angew. Physiol. einschl. Arbeitsphysiol. **17**, 459 (1959).

Mellerowicz, H., Meller, W., Müller, J.: Vergleichende Untersuchungen über Leistungssteigerung durch Intervalltraining und Dauertraining (bei gleicher Trainingsarbeit). Int. Zschr. angew. Physiol. einschl. Arbeitsphysiol. **18**, 376 (1960).

Mellerowicz, H.: Herz und Blutkreislauf beim Sport. In: Arnold, A.: Lehrbuch der Sportmedizin. Leipzig: Barth 1960.
Mellerowicz, H.: Über Trainingswirkungen auf Herz und Kreislauf und ihre Bedeutung für die präventive Cardiologie. In: Präventive Cardiologie. Berlin: Medicus 1961.
Mellerowicz, H.: Ergometrie. 3. Aufl. München-Berlin: Urban & Schwarzenberg 1979.
Mellerowicz, H.: Trainingsmaß und Leistungszuwachs. Sportarzt u. Sportmedizin **9**, 357 (1967).
Mellerowicz, H., Meller, W.: Vergleichende Untersuchungen zur Leistungsminderung in Mexiko-City. Sportarzt u. Sportmedizin **12**, 496 (1967).
Mellerowicz, H.: Biologische Grundgesetze von Training und Leistung. In: Leistungsrat für Leichtathleten. Berlin: Ergon 1968.
Mellerowicz, H.: Grundsätze des Mittel- und Langstreckentrainings. In: Leistungsrat für Leichtathleten. Berlin: Ergon 1968.
Mellerowicz, H.: Übertraining. In: Leistungsrat für Leichtathleten. Berlin: Ergon 1968.
Mellerowicz, H., Meller, W., Woweries, J., Zerdick, J., Ketusinh, O., Kral, B., Heepe, W.: Vergleichende Untersuchungen über Wirkungen von Höhentraining auf die Dauerleistung in Meereshöhe. Sportarzt u. Sportmedizin **9**, 207 (1970).
Mellerowicz, H.: Angewandte präventive Cardiologie. In: Präventive Cardiologie. Berlin: Der Senator für Arbeit, Gesundheit und Soziales 1971.
Mellerowicz, H.: Training und Leistung in der Höhe. Z. angew. Bäder- u. Klimaheilk. **21**, 235 (1974).
Morehouse, L. E., Miller, A. T.: Physiology of exercise. St. Louis: Mosby Company 1948.
Morganroth, J., Maron, B. J., Henry, W. L., Epstein S. E.: Comparative left ventricular dimensions in trained athletes. Ann. Int. Med. **82**, 521 (1975).
Morris, J. N.: In: Needed research in health and medical care. University of North Carolina 1954.
Müller, E. A., Hettinger, Th.: Der Verlauf der Zunahme der Muskelkraft nach einem einmaligen maximalen Trainingsreiz. Int. Z. angew. Physiol. einschl. Arbeitsphysiol. **16**, 184 (1956).
Müller, E. A., Hettinger, Th.: Die Bedeutung des Trainingsverlaufs für die Trainingsfestigkeit von Muskeln. Arbeitsphysiologie **15**, 452 (1954).
Müller, E. A.: zit. in Hettinger, Physiology of strength. Springfield/Ill.: Ch. C. Thomas 1961.
Müller, E. A., Rohmert, W.: Die Geschwindigkeit der Muskelkraftzunahme bei isometrischem Training. Int. Z. angew. Physiol. einschl. Arbeitsphysiol. **19**, 403 (1963).
Münchinger, R.: Physiologische Grundlagen der Laufhöchstleistungen. Schweiz. Z. Sportmed. **3**, 66 (1955).
Musshoff, K., Reindell, H., Klepzig, H., Kirchhoff, H. W.: Herzvolumen, Schlagvolumen und körperliche Leistungsfähigkeit. Cardiologia **31**, 359 (1957).
Musshoff, K., Reindell, H.: Das Herzvolumen und die körperliche Leistungsfähigkeit bei 10- bis 19-jährigen gesunden Kindern und Jugendlichen. Arch. Kreisl.-Forsch. **35**, 12 (1961).

Nett, T.: Der Lauf. Berlin: Bartels & Wernitz 1960.
Nett, T., Jonath, U.: Kraftübungen zur Konditionsarbeit. Berlin: Bartels & Wernitz 1960.
Nett, T.: Modernes Training weltbester Mittel- und Langstreckenläufer. Berlin: Bartels & Wernitz 1966.
Nett, T.: Leichtathletisches Muskeltraining. 3. Aufl. Berlin: Bartels & Wernitz 1970.
Nöcker, J.: Training und Übertraining. In: Lehrbuch der Sportmedizin. Leipzig: Barth 1960.

Nöcker, J., Lohmann, D., Schleusing, G.: Ermüdung und Erschöpfung vom Mineralstoffwechsel her gesehen. 18. Deutscher Sportärztekongreß. Frankfurt: Limpert 1957.
Nöcker, J., Lohmann, D., Schleusing, G.: Einfluß von Training und Belastung auf den Mineralgehalt von Herz und Skelettmuskel. 18. Deutscher Sportärztekongreß. Frankfurt: Limpert 1957.
Nöcker, J., Schleusing, G.: Trainingswirkung auf die Skelettmuskulatur. Sportmedizin 9, 235 (1958).
Nöcker, J.: Physiologie der Leibesübungen. 3. Aufl. Stuttgart: Enke 1976.
Nöcker, J.: Die biologischen Grundlagen der Leistungssteigerung durch Training. 6. Aufl. Schorndorf: Hofmann 1977.

Paffenberger, R.S., Hale, W.E.: Work Activity and Coronary Heart Mortality. New Engl. Journal of Medicine 292, 545 (1975).
Palladin, A., Ferdmann, D.: Über den Einfluß des Trainings der Muskeln auf ihren Kreatingehalt. Hoppe-Seyler's Z. physiol. Chem. 174, 284 (1928).
Palladin, A.: Untersuchungen über die Biochemie des Muskeltrainings. Physiol. Journ. d. UDSSR, XXI, 3 (1936).
Palladin, A. et al.: Entwicklung der Biochemie in der Ukrainischen SSR in 30 Jahren. In: Erfolge der modernen Biologie, XXIV, 1, (1948).
Penman, K.A.: Human striated muscle ultrastructural changes accompanying increased strength without hypertrophy. Res. Quart. 3, 418 (1970).
Pere, S.: Die Wirkungen des Sporttrainings auf Kreislauforgane. Medizinische 31/32, 1006 (1952).
Petren, T., Sjöstrand, T., Sylven, B.: Der Einfluß des Trainings auf die Häufigkeit der Kapillaren in Herz- und Skelettmuskulatur. Arbeitsphysiol. 9, 336 (1935).
Pfeifer, H.: Grundlagen und Methoden des Ausdauertrainings. In: Trainingslehre. Hrsg. D. Harre. 9. Aufl. Berlin: Sportverlag Berlin 1982.
Philippi, H., Hollmann, W., Liesen, H.: Über den Effekt eines lokalen aeroben Trainings auf die muskuläre Durchblutung und die lokale aerobe Ausdauer männlicher und weiblicher Personen. Sportarzt u. Sportmedizin 2, 30 (1973).
Prokop, L.: Die Wirkung sportlichen Trainings auf den menschlichen Organismus. Habilitationsschrift Universität Wien 1952.

Raab, W.: Fortschritte auf dem Gebiet der Koronarerkrankungen. Die Medizinische 1, 1 (1957).
Refsum, H.E., Jordfald, G., Strömme, S.B.: Hematological changes following prolonged heavy exercise. In: E.Jokl (Hrsg.): Advances in Exercise Physiology. Basel, München: Karger 1976, p.91–99.
Reindell, H., Musshoff, K., Klepzig, H.: Die physiologische und krankhafte Herzvergrößerung. In: Fünftes Freiburger Symposion über die Funktionsdiagnostik des Herzens. Berlin-Göttingen-Heidelberg: Springer 1957.
Reindell, H., Klepzig, H.: Schonung oder Übung bei Coronarleiden. Veränderungen des Kreislaufs unter Training als Grundlage einer Bewegungstherapie. Wien. Z. inn. Med. 8, 340 (1958).
Reindell, H., Roskamm, H.: Ein Beitrag zu den physiologischen Grundlagen des Intervalltrainings unter besonderer Berücksichtigung des Kreislaufes. Schweiz. Z. Sportmed. 1, 1 (1959).
Reindell, H.: Herz und körperliche Belastung. Verh. Dtsch. Ges. inn. Med. 67. Kongreß. München: Bergmann 1961.
Reindell, H., Roskamm, H., Gerschler, W.: Das Intervalltraining. 1. Aufl. München: Barth 1962.

Reindell, H., Roskamm, H., Keul, J.: Biologische Grundlagen für das Training des Mittel- und Langstreckenläufers. Die Lehre der Leichtathletik **28**, 775 (1964).

Reindell, H., König, K., Roskamm, H.: Funktionsdiagnostik des gesunden und kranken Herzens. Stuttgart: Thieme 1967.

Reitsma, W.: Regeneration, volumetrical and numerical hypertrophy in skeletal muscles of the rat und frog. Amsterdam: Ruysendaal 1965.

Reynafarje, C.: Pyridine nucleotide oxydase and transhydrogenase in acclimatization to high altitude. J. Amer. Physiol. **200**, 351 (1961).

Reynafarje, C.: Myoglobin content and enzymatic activity of muscle and altitude adaptation. J. appl. Physiol. **17**, 301 (1962).

Röcker, L.: Einfluß körperlicher Aktivität auf das Blut. In: Zentrale Themen der Sportmedizin. 2. Aufl. Hrsg.: W. Hollmann. Berlin-Heidelberg-New York: Springer 1977.

Röcker, L., Kirsch, K.-A., Stoboy, H.: Plasma volume, albumin and globulin concentrations in their intravascular masses. A comparative study in endurance athletes and sedentary subjects. Eur. J. Appl. Physiol. **36**, 187 (1976).

Röcker, L., Meller, W., Mellerowicz, H., Stoboy, H.: Die Wirkung eines dynamischen Trainings mit gleicher physikalischer Leistung aber unterschiedlichen Gewichten und Wiederholungszahlen bei eineiigen Zwillingen. Sportarzt und Sportmedizin **12**, 281 (1971).

Roskamm, H., Reindell, H., Musshoff, K., König, K.: Die Beziehungen zwischen Herzgröße und Leistungsfähigkeit bei männlichen und weiblichen Sportlern im Vergleich zu männlichen und weiblichen Normalpersonen. Arch. Kreisl.-Forschg. **35**, 67 (1961).

Roskamm, H., Reindell, H., Haubitz, W., Keul, J., König, K.: Herzgröße und Leistungsfähigkeit bei Hochleistungssportlern im Verlaufe unterschiedlicher Trainingsbelastung. Schweiz. Z. Sportmed. **4**, 121 (1962).

Roskamm, H., Reindell, H., Keul, J., Emmerich, J., Steim, H.: Fehlbeurteilung des trainierten Kreislaufs. D. Med. Sachverständige **8**, 199 (1965).

Roskamm, H., Reindell, H., König, K.: Körperliche Aktivität und Herz- und Kreislauferkrankungen. München: Barth 1966.

Roskamm, H., Clasing, D.: Die Abhängigkeit des Trainingseffektes von der Trainingsart. Sportarzt u. Sportmedizin **1**, 1 (1967).

Roskamm, H.: Zur Prophylaxe des Herzinfarktes. Sportarzt u. Sportmedizin **21**, 76 (1970).

Roskamm, H.: Die Grundlagen des körperlichen Trainings. Hippokrates **41**, 73 (1970).

Roux, W.: Gesammelte Abhandlungen über Entwicklungsmechanik der Organismen. Bd. I. Funktionelle Anpassung. Leipzig: W. Engelmann 1895.

Schaper, W.: Körperliche Belastung und Kollateralenentwicklung. Deutsche Gesellschaft für Kreislaufforschung. 37. Jahrestagung. Bad Nauheim 1971.

Schieferdecker: zit. n. Prokop: Die Wirkung sportlichen Trainings auf den menschlichen Organismus. Habilitationsschrift Universität Wien 1952.

Schimert, G.: In: W. Raab: Prevention of Ischemic Heart Disease. 1. ed. Springfield/Ill.: Ch. C. Thomas 1966.

Schleusing, G.: Einfluß des experimentellen elektrischen Trainings auf die Skelettmuskulatur. Int. Z. angew. Physiol. einschl. Arbeitsphysiol. **18**, 232 (1960).

Schleusing, G.: Mineral- und Kohlenhydratstoffwechsel der Muskulatur. Medizin u. Sport **4/5**, 109 (1961).

Schmalbruch, H.: Die quergestreiften Muskelfasern des Menschen. Ergebnisse der Anatomie und Entwicklungsgeschichte. Bd. 43, Heft 1. Berlin, Heidelberg, New York: Springer 1970.

Schmidt, H., Musshoff, K., Reindell, H., König, K., Burchard, D., Held, E., Keul, J.: Die Beziehungen zwischen Blutvolumen, Herzvolumen und körperlicher Leistung. Z. Kreisl.-Forsch. **51**, 165 (1962).

Schmolinsky, G.: Leichtathletik. Berlin: Sportverlag Berlin 1971.

Schön, F. A., Hollmann, W., Liesen, H., Waterloh, E.: Elektronenmikroskopische Befunde am Musculus vastus lateralis von Untrainierten und Marathonläufern sowie ihre Beziehungen zur relativen maximalen Sauerstoffaufnahme und Laktatproduktion. Deutsche Z. Sportmed. **12**, 343 (1980).

Schüler, K.-P., Schneider, F., Clausnitzer, C.: Wirkung des körperlichen Trainings auf das Stoffwechsel- und endokrine System. Med. u. Sport **4–6**, 117 (1974).

Smodlaka, V., Jankovic, M., Mellerowicz, H. et al.: Das ergometrisch dosierte Intervalltraining zur Rehabilitation nach Herzoperationen. Kreisl.-Forsch. **51**, 152 (1962).

Sorg, K.: Über den Phosphatidgehalt verschiedener Muskelarten. Z. physiol. Chem. **182**, 97 (1929).

Stemmler, R.: Leistungen und Leistungsgrundwerte unserer Schüler. Berlin: Sportverlag 1953.

Stoboy, H.: Wissenschaftliche Grundlagen des Krafttrainings. II. FISA Trainercolloquium, Arnhem/Holland 1982.

Stoboy, H., Friedebold, G., Nüssgen, W.: Die Veränderungen der elektrischen Aktivität der Skelettmuskulatur unter den Bedingungen eines isometrischen Trainings. Exper. Med. **129**, 401 (1957).

Stoboy, H., Nüssgen, W., Friedebold, G.: Das Verhalten der motorischen Einheiten unter den Bedingungen eines isometrischen Trainings. Int. Z. angew. Physiol. einschl. Arbeitsphysiol. **17**, 391 (1959).

Stoboy, H., Friedebold, G., Nüssgen, W.: Isometrisches Training und elektrische Aktivität bei der Inaktivitätsatrophie des Skelettmuskels. Orthop. **91**, 78 (1959).

Stoboy, H., Meller, W., Hettinger, Th.: Gesetzmäßigkeiten des Krafttrainings. In: Leistungsrat für Leichtathleten. Berlin: Ergon 1968.

Stoboy, H., Friedebold, G.: Changes in muscle function in atrophied muscles due to isometric training. Bulletin of New York Academy of Medicine, Second series. **44**, 553 (1968).

Stoboy, H.: Neuromuskuläre Funktion und körperliche Leistung. In: Zentrale Themen der Sportmedizin. Hrsg.: W. Hollmann, Berlin-Heidelberg-New York: Springer 1972.

Strauzenberg, S. E., Clausnitzer, H.: Beitrag zur Beeinflussung des Serumcholesterolspiegels durch Körperübungen und Sport. Med. u. Sport **8**, 239 (1972).

Strauzenberg, S. E., Götz, J., Dietrich, L., Schneider, F., Müller, R., Brenke, H.: Die Bedeutung sportlichen Trainings für die Prophylaxe kardiovaskulärer Erkrankungen und Stoffwechselstörungen. Med. u. Sport **4–6**, 163 (1974).

Talag, T. S.: Residual muscular soreness influenced by concentric, eccentric and static contractions. Res. Quast. **44**, 458 (1973).

Taylor, A. W., Schoeman, J. H., Esfandiary, A. R., Russel, J. C.: Effect of exercise on urinary catecholamine excretion in active and sedentary subjects. Rev. Can. Biol. **30**, 97 (1971).

Thörner, W.: Über die Zellelemente des Blutes im Trainingszustand. Untersuchung an Olympiakämpfern in Amsterdam. Arbeitsphysiol. **2**, 116 (1929).

Thörner, W.: Der Einfluß der Laufarbeit auf das Herz. Int. Z. Arbeitsphysiol. **3**, 1 (1930).

Thörner, W.: Über den Einfluß des Lauftrainings auf Blut und Kreislauf. Int. Z. Arbeitsphysiol. **5**, 516 (1932).

Thörner, W.: Biologische Grundlagen der Leibeserziehung, Bonn: Dümmler 1966.

Treumann, F.: Die Muskeldurchblutung trainierter und nichttrainierter Menschen. Sportwissenschaftl. Arbeiten. Bd. 2. Berlin, München, Frankfurt: Bartels & Wernitz, 1969.
Thorstensson, A.: Muscle strength, fiber types and enzyme activities in man. Acta physiol. scand., Suppl. 443 (1976).
Vanotti, A., Magiday, M.: Über die Capillarisierung der trainierten Muskulatur. Int. Z. Arbeitsphysiol. **7**, 615 (1934).
Venrath, H., Hollmann, W.: Sport in Prophylaxe und Rehabilitation von Lungenerkrankungen. Therap. woche **14**, 683 (1965).
Verschuer v., O.: Wirksame Faktoren im Leben des Menschen. Wiesbaden: Steiner 1954.
Viitasalo, J. T., Hirvonen, J., Mero, A.: Trainingswirkungen des „Schlepptrainings" auf die Laufschnelligkeit, die Maximal- und Explosivkraft. Leistungssport **12**, 185 (1982).

Waller, H. D., Schlegel, B., Müller, A. A., Löhr, G. W.: Der Hämoglobingehalt in alternden Erythrozyten. Klin. Wschr. **37**, 898 (1959).
Wassiljewa, W. W.: Einige Bemerkungen zu den Mechanismen der Ermüdung und des Übertrainings. Theorie u. Praxis der Körperkultur **4**, 3 (1955).
Weber, G., Kartodihardjo, W., Klissouras, V.: Growth and physical training with reference to heredity. J. appl. Physiol. **40**, 2 (1976).
Weidener, J.: Quantität und Qualität des Trainings bei Coronarinsuffizienz und nach Herzinfarkt. In: Rehabilitive Kardiologie. Hrsg.: Mellerowicz, H., Weidener, J., Jokl, E., Basel: Karger 1974.
Wezler, K., Thauer, K.: Kreislauf und Gaswechsel während der Arbeit. Zugleich ein Beitrag zur vegetativen Struktur des Individuums. Z. exper. Med. **107**, 751 (1940).
Wiele, G.: Früh- und Aufbrauchsschäden des Kreislaufs beim Schwerarbeiter. Nauh. Fortb. lehrg. **17**, 56 (1952).
Winder, W. W., Hagberg, J. M., Hickson, R. C., Ehsani, A. A., McLane, J. A.: Time course of sympathoadrenal adaptation to endurance exercise training in man. J. appl. Physiol. **35**, 370 (1978).
Winckelmann, G., Meyer, G., Roskamm, H.: Der Einfluß körperlicher Belastung auf Blutgerinnung und Fibrinolyse bei untrainierten Personen und Hochleistungssportlern. Klin. Wschr. **46**, 712 (1968).
Wirth, A., Diehm, C.: Hormonregulation bei körperlicher Belastung. Dtsch. Z. Sportmed. **3**, 84 (1980).

Yaglou, C. P.: Temperature, humidity and air movement in industries. The effective temperature index. J. Industr. Hyg. **9**, 297 (1927).

Zerdick, J.: Einfluß des Zeitfaktors auf ST-Senkungen bei Coronarinsuffizienz. Dissertation, Freie Universität Berlin 1970.
Zirr, D.: Über Trainingswirkungen auf die Nebennierenrinde. Staatsexamensarbeit aus dem Institut für Leibeserziehung der FU Berlin 1959.

Haltung und Bewegung beim Menschen

Physiologie, Pathophysiologie, Gangentwicklung und Sporttraining

Von W. Berger, V. Dietz, A. Hufschmidt, R. Jung, K.-H. Mauritz, D. Schmidtbleicher

1984. 70 Abbildungen, 2 Tabellen. X, 198 Seiten
Gebunden DM 98,-
ISBN 3-540-13065-9

Inhaltsübersicht: General Summary. - Zur Bewegungsphysiologie beim Menschen: Fortbewegung, Zielsteuerung und Sportleistungen. - Physiologie und Pathophysiologie des aufrechten Stehens. - Elektrophysiologie komplexer Bewegungsabläufe: Gang-, Lauf-, Balance- und Fallbewegungen. - Entwicklung des Zweibeinganges beim Kleinkind. - Störungen von Gang und Balance nach spinalen und Hirnläsionen. - Sportliches Krafttraining und motorische Grundlagenforschung. - Sachverzeichnis. - Namenverzeichnis.

Dieses Buch entstand aus langjähriger Zusammenarbeit von Neurophysiologen, Neurologen und Sportphysiologen und behandelt die physiologischen Grundlagen der menschlichen Haltung und Bewegung mit ihren Störungen bei einigen neurologischen Erkrankungen. Die Leistungen des Rückenmarks bei Kontrolle automatisierter Bewegungsabläufe wurden elektromyographisch (EMG), die Großhirntätigkeit bei Willkürbewegungen durch hirnelektrische (EEG) Registrierungen untersucht. Der Gangentwicklung bei Kindern ist ein spezielles Kapitel gewidmet. Die gestörte Gangkoordination bei zerebraler Kinderlähmung wird mit der normalen Reifung des Ganges verglichen. Ein Schlußkapitel erläutert praktische Anwendungen für das sportliche Krafttraining.
Aus den mitgeteilten Untersuchungsergebnissen ergeben sich zahlreiche praktische Hinweise für die Klinik, die Rehabilitation, die Krankengymnastische Behandlung sowie das Sporttraining.

Springer-Verlag
Berlin
Heidelberg
New York
Tokyo

A. A. Bühlmann

Dekompression – Dekompressionskrankheit

1983. 17 Abbildungen, 23 Tabellen.
IX, 83 Seiten
DM 36,–. ISBN 3-540-12514-0

Children and Sport

Pediatric Work Physiology

Proceedings of the Congress Held in Joutsa, Finland, June 10–13, 1981

Editors: **J. Ilmarinen, I. Välimäki**
1984. 102 figures, 96 tables.
Approx. 350 pages
DM 76,–. ISBN 3-540-13044-6

H. Matthys

Medizinische Tauchfibel

3., neubearbeitete Auflage. 1983.
38 Abbildungen, 16 Tabellen.
X, 155 Seiten
DM 28,–. ISBN 3-540-12378-4

Springer-Verlag
Berlin
Heidelberg
New York
Tokyo

Sports Violence

Editor: **J. H. Goldstein**
1983. 6 figures. XII, 226 pages
(Springer Series in Social Psychology)
Cloth DM 62,–. ISBN 3-540-90828-5

MIX
Papier aus verantwortungsvollen Quellen
Paper from responsible sources
FSC® C105338

If you have any concerns about our products,
you can contact us on
ProductSafety@springernature.com

In case Publisher is established outside the EU,
the EU authorized representative is:
**Springer Nature Customer Service Center GmbH
Europaplatz 3, 69115 Heidelberg, Germany**

Printed by Libri Plureos GmbH
in Hamburg, Germany